肉羊标准化养殖技术图册

◎ 全国畜牧总站 编

中国农业科学技术出版社

图书在版编目 (CIP) 数据

肉羊标准化养殖技术图册 / 全国畜牧总站编. —— 北京 : 中国农业科学技术出版社, 2012. 5

ISBN 978-7-5116-0857-4

Ⅰ. ①肉… Ⅱ. ①全… Ⅲ. ①肉用羊-饲养管理-标准化-图集 Ⅳ. ①S826.9-64

中国版本图书馆 CIP 数据核字 (2012) 第 061429 号

责任编辑 闫庆健 李冠桥
责任校对 贾晓红 范 潇

出 版 者 中国农业科学技术出版社
北京市中关村南大街 12 号邮编 : 100081
电　　话 (010) 82106632 (编辑室) (010) 82109704 (发行部)
(010) 82109703 (读者服务部)
传　　真 (010) 82106624
网　　址 http://www.castp.cn
经 销 商 新华书店北京发行所
印 刷 者 北京富泰印刷有限责任公司
开　　本 787 mm × 1 092 mm 1/16
印　　张 9.25
字　　数 219 千字
版　　次 2012 年 5 月第 1 版 2014 年 2 月第 2 次印刷
定　　价 39.80 元

编委会

Preface 前言

我国是养羊大国，养羊数量和羊肉产量位居世界第一。据统计，2010 年，我国羊存栏 2.81 亿只，出栏 2.72 亿只，羊肉产量达 398.9 万吨，占肉类总产量的 5%。肉羊养殖区域性十分明显，以内蒙古自治区、新疆维吾尔自治区、山东、河北、河南、四川、甘肃等省区为主产区，其中，内蒙古自治区和新疆维吾尔自治区羊肉产量占全国羊肉总产量的1/3。近年来，肉羊规模化养殖比重不断提高，2010 年，年出栏 30 只以上的规模养殖户达 187 万个，规模养殖比例达 48.8%，比 2005 年提高了 7.4 个百分点。值得注意的是，我国肉羊个体生产水平还较低，肉羊产业在畜牧业总体结构中也属薄弱环节，要进一步提升肉羊生产发展水平，最有效的措施就是加快推进肉羊标准化规模养殖。

发展标准化规模养殖是转变畜牧业发展方式的主要抓手，是新形势下加快畜牧业转型升级的重大举措。农业部从 2010 年起在全国范围内实施了畜禽养殖标准化示范创建活动，将其作为推进传统畜牧业转型升级、加快现代畜牧业建设的一项重点工作。两年来，共创建了 110 家肉羊标准化示范场，其中，2010 年 58 家，2011 年 52 家。

本书通过深入浅出的文字及大量直观实用的图片，从畜禽良种化、养殖设施化、生产规范化以及防疫制度化等方面详细阐述了肉羊养殖场标准化示范创建的主要内容，在讲求技术先进性的同时，又注重了实用性和可操作性，对于提高我国肉羊标准化养殖水平具有重要的指导意义和促进作用。

本书图文并茂，实用性、可操作性强，是肉羊养殖场、

前言 Preface

养殖小区技术人员和生产管理人员的实用参考书。

全国畜牧总站

2012年4月

Contents 目录

目录 Contents

Contents 目录

目录 Contents

第一章 肉羊良种化

第一节 国内外主要肉羊品种

一、国内主要肉羊品种

1. 小尾寒羊

产地（或分布）：包括山东小尾寒羊、河北小尾寒羊、河南小尾寒羊 3 个类群，主要分布在河北省的黑龙港流域一带；山东省的梁山、嘉祥、汶上、郓城、鄄城、巨野、东平、阳谷、东阿等县及毗邻县区；河南省濮阳市台前县，安阳、新乡、洛阳、焦作、济源、南阳等地。

主要特性：属短脂尾型绵羊品种，被毛颜色为白色；公羊有较大的三棱形螺旋状角，母羊半数有小角或角基，头部清秀，嘴宽而齐，鼻梁隆起，鼻镜粉红，耳大下垂，眼大有神；公羊头颈粗壮，母羊头颈较长；四肢粗壮有力、蹄质坚实，蹄壳呈蜡黄色；尾部略呈椭圆形，下端有纵沟，尾长不过飞节。成年羊体重：公羊 63.45 ～ 113.33 千克、母羊 53.78 ～ 65.85 千克。屠宰率一般为 51.47% ～ 55.30%。平均产羔率为 267.13%。

小尾寒羊公羊

小尾寒羊母羊

2. 湖羊

产地(或分布):中心产区位于太湖流域的浙江省湖州市、嘉兴市和江苏的吴中、太仓、吴江等县。分布于浙江的余杭、德清、海盐，江苏的吴县、无锡、常熟，上海的嘉定、青浦、昆山等县。

主要特性：属羔皮用品种。全身被毛白色。体格中等，头狭长而清秀，鼻骨隆起，公、母羊均无角，眼大凸出，耳大下垂。颈细长，体躯长，胸较狭窄，背腰平直，腹微下垂，四肢细而高。短脂尾，呈扁圆形尖上翘。异质毛被，呈毛丛结构，腹毛稀而粗短，颈部及四肢无绒毛。成年公羊体重 79.3 千克，母羊 50.6 千克。羔皮皮板轻柔，波浪状花纹，花案清晰，紧贴皮板，扑而不散，丝样光泽，光润美观，享有“软宝石”之称。产羔率为 277.4%。

湖羊群体

湖羊母羊

3. 滩羊

产地与分布：原产于宁夏贺兰山洪广营一带，分布在宁夏及其与陕西、甘肃、内蒙古相毗邻的地区。目前，主要集中在宁夏盐池、同心、红寺堡、灵武等县。

主要特性：属裘皮用绵羊品种。羔羊出生后一月龄左右，毛股长度达 8 厘米时生产的皮张称为二毛皮，具有毛股清晰，弯曲数多，毛型比例适中，花穗美观，光泽悦目，颜色洁白等特点。

被毛为异质毛，白色，呈毛辫状。体格中等，头部、眼周围、两颊、耳，嘴端有褐、黑色斑块或斑点。鼻梁稍隆起，眼大微凸出，耳分大、中、小三种。公羊有大而弯曲的螺旋形角，多数角尖向外延伸，母羊无角。颈中等长，颈肩结合良好，背平直，体躯较窄长，尻斜，四肢端正。尾长达飞节或过飞节。尾形多样，以楔形“S”状尾尖居多。

生产性能：成年公羊体重 55.4±14.3（千克），母羊 43.7±9.1（千克）。产毛量：公羊 1.5 ～ 1.8 千克，母羊 1.6 ～ 2.0 千克。纤维柔软，光泽好，弹性强，纤维类型重量百分比，有髓毛 19.6%，两型毛 43.2%，无髓毛 37.1%。12 月龄羯羊屠宰率为 47.8%，二毛羔羊屠宰率为 53.7%。

滩羊母羊

4. 乌珠穆沁羊

产地（或分布）：产于锡林郭勒盟东北部乌珠穆沁草原，主要分布在东乌珠穆沁旗、西乌珠穆沁旗、锡林浩特市、乌拉盖管理区。

主要特性：属粗毛短脂尾型绵羊品种，体躯被毛全为白色，肤色为粉色。头部、颈部、眼圈、嘴多有色毛。头大小适中，额较宽，鼻隆起，眼大而凸出，个别羊有角，母羊角纤细，公羊角粗壮，且向前上方弯曲呈螺旋形，公母羊耳小呈半下垂。颈短粗，颈基粗壮。体驱呈长方形，后驱发育良好，胸宽深，肋骨开张良好，背腰平直，尻部下斜。四肢端正而坚实有力，前肢腕关节发达。尾巴肥厚而充实、大而短。成年羊体重：公羊 77.63 千克，母羊 59.25 千克。屠宰率为 52.017%。产羔率为 113%。

乌珠穆沁羊群体

乌珠穆沁羊公羊

5. 苏尼特羊

产地（或分布）：内蒙古锡林郭勒盟的苏尼特左旗和苏尼特右旗，乌兰察布市的四子王旗、包头市的达茂旗和巴彦淖尔市的乌拉特中旗亦有分布。

主要特性：属粗毛短脂尾型绵羊品种，被毛白色，皮肤为粉色。体质结实，骨骼粗壮，结构匀称，体格较大；头大小适中、略显狭长，额较宽，鼻梁隆起；眼大而凸出，多数个体头顶毛发达；母羊个别有角基，部分公羊有角且粗壮，耳小呈半下垂状；公羊颈短粗，母羊颈相对细长，公母羊均无皱褶和肉垂；背腰宽平、呈长方形，胸宽而深，肋骨开张良

苏尼特羊公羊

好，尻稍斜；四肢细长而强健，蹄质坚实呈褐色；短脂尾，尾长大于尾宽，尾尖卷曲呈 S 形。成年羊体重：公羊 82.2 千克，母羊 52.9 千克。屠宰率为 54.3%。产羔率为 113%。

6. 巴美肉羊

产地：产于内蒙古巴彦淖尔市乌拉特前旗、乌拉特中旗、五原县、临河区等地。

主要特性　：属肉毛兼用型绵羊品种，被毛白色，肤色为粉色。体格较大，体质结实，结构匀称，骨骼粗壮结实，肌肉丰满，肉用体型明显，呈圆桶型。头部清秀，形状为三角形，公母羊均无角，头部至两眼连线覆盖有细毛。颈长短宽窄适中，无肉垂。胸部宽而深，背腰平直，体形较长。四肢坚实有力，蹄质结实。属短瘦尾，呈下垂状。成年羊体重：公羊 109.86 千克，母羊 63.26 千克。屠宰率为 50.36%。平均产毛量 7.06 千克。净毛率为 48.45%。产羔率为 126%。

巴美肉羊群体

巴美肉羊公羊

7. 多浪羊

产地与分布：中心产区位于新疆维吾尔自治区喀什地区的麦盖提县，主要分布于叶尔羌河流域莎车县的部分乡镇。

主要特性：属肉脂兼用粗毛型绵羊品种。被毛以灰白色为主，头/四肢深灰色，颈黄褐色。体格大，鼻梁隆起明显，嘴大口裂深，耳大下垂，公羊无角或有小角，母羊无角；颈细长，胸宽而深，肋骨拱圆，背腰平直而长，十字部稍高，后躯肌肉发达，脂尾较大，平直呈方圆型，尾纵沟较深。

生产性能：成年公羊体重（96.3±15.7）千克，母羊（74.1±12.5）千克。产毛量：公羊2.0～2.5千克、母羊1.5～2.0千克。无髓毛含量高。周岁羊屠宰率：公羊55.8%，母羊46.2%。

多浪羊公羊

多浪羊母羊

8. 南江黄羊

产地：主产于四川省南江县，主要分布于周边的通江、巴州、平昌等市县。

主要特性 ：属新培育的肉用型山羊品种。公、母羊大多数有角，头型较大，耳长大，部分羊耳微下垂，颈较粗，体格高大，背腰平直，后躯丰满，体躯近似圆桶形，四肢粗壮。被毛呈黄褐色，毛短而紧贴皮肤、富有光泽，面部多呈黑色，鼻梁两侧有一条浅黄色条纹；公羊从头顶部至尾根沿背脊有一条宽窄不等的黑色毛带；前胸、颈、肩和四肢上端着生黑而长的粗毛。成年羊体重：公羊（67.07±4.91）千克，母羊（45.60±3.69）千克，胴体重（28.18±5.00）千克，净肉重（21.91±4.46）千克，屠宰率 55.65%±3.70%，群体产羔率 205.42%。

南江黄羊母羊

南江黄羊群体

9. 马头山羊

产地（或分布）：原产于湘、鄂西部山区，主要分布于湖北省的郧西、房县等县市和湖南省的石门、芷江等县。

主要特性：属于肉皮兼用型地方山羊品种。被毛以白色为主，粗硬无绒毛，公羊被毛较母羊长，肤色粉红。公、母羊均无角，皆有胡须，部分颌下有肉髯；眼睛较大而微鼓，鼻平直，公羊耳大下垂，母羊耳小直立。颈细长而扁平。体躯呈圆桶形，胸宽深，背腰平直，部分羊背脊较宽（俗称“双脊羊”），十字部高于鬐甲，尻稍倾斜。四肢坚实，蹄质坚硬，呈淡黄色或灰褐色。尾短小而上翘。成年羊体重：公羊 43.8 千克，母羊 35.3 千克。周岁羊的屠宰率：公羊 54.7%，母羊 50.0%；净肉率：公羊 47.78%，母羊 42.6%。板皮平均面积为 8 190 平方厘米。母羊平均产羔率为 270%。

马头山羊公羊

马头山羊母羊

10 黄淮山羊

产地（或分布）：原产于黄淮平原，主要分布于河南、安徽和江苏三省接壤地区。

主要特性 ：属于肉皮兼用地方山羊品种。以产优质汉口路山羊板皮著称。被毛白色，毛短，肤色粉红。头部额宽、鼻直、嘴尖，面颊部微凹，眼大有神，耳小灵活，部分羊下颌有髯。分有角、无角两个类型，具有颈长、腿长、腰身长的“三长”特征。公羊前躯高于后躯，母羊后躯高于前躯。母羊乳房发育良好，呈梨形。蹄呈蜡黄色。尾短上翘。成年羊体重 ：公羊 49.1 千克，母羊 37.8 千克。周岁羊的屠宰率 ：公羊 50.7%，母羊 51.1%；净肉率：公羊 34.9%，母羊 36.2%。母羊平均产羔率为 332%。

黄淮山羊公羊

黄淮山羊母羊

11. 成都麻羊

产地（或分布）：原产于四川省成都市的大邑县和双流县，分布于成都市的邛崃市、崇州市、新津县、龙泉驿区、青白江区、都江堰市、彭州市及阿坝州的汶川县。

主要特性 ：属肉皮兼用型品种，被毛颜色呈赤铜色、或麻褐色、或黑红色。从两角基部中点沿颈脊、背线延伸至尾根有一条纯黑色毛带，沿两侧肩胛经前臂至蹄冠又有一条纯黑色毛带。从角基部前缘经内眼角沿鼻梁两侧至口角各有一条纺锤形浅黄色毛带，形似“画眉眼”。体格中等，头大小适中，额宽微突，鼻梁平直，竖耳。公母羊多有角，呈镰刀状。公羊及多数母羊下颌有毛髯，部分羊颈下有肉垂。背腰宽平，尻部略斜。四肢粗壮，蹄质坚实。成年羊体重 ：公羊 43.31 千克，母羊 39.14 千克。成年羊屠宰率 ：公羊 46.40%，母羊 46.97% ；净肉率 ：公羊 38.25%，母羊 39.00%。母羊常年发情，平均产羔率为 211.81%。

成都麻羊公羊

成都麻羊母羊

二、国外引进的主要肉羊品种

1. 杜泊羊

产地（或分布）：原产于南非。

主要特性：属肉用绵羊品种。按颜色分为白头白体躯和黑头黑体躯两个类型。体格大，体质坚实。母羊头轻显清秀，稍窄而较长，公羊头稍宽；公羊鼻梁微隆，母羊多平直；耳较小，向前侧下方倾斜；肩宽而结实，胸宽而深，鬐甲稍隆而宽，体躯浑圆、丰满，背腰平宽，臀部长而宽；四肢较细短，蹄质坚实。长瘦尾。

2 岁羊体重：公羊（120.00±10.30）千克，母羊（85.00±10.20）千克。舍饲肥育，6 月龄体重达 70 千克。肥羔屠宰率为 55%，净肉率为 46%。初产羊产羔率为 132%，第二胎羊为 167%，第三胎羊为 220%。

杜泊羊公羊

杜泊羊母羊

2. 夏洛莱羊

产地（或分布）：原产于法国。

主要特性：属肉用绵羊品种。体躯呈圆桶状。头部无毛，公、母羊均无角，额宽，耳大，颈短粗，肩宽平，胸宽而深，身腰长，背部肌肉发达，肋部拱圆，后肢间距大，肌肉发达，呈倒“U”字形。四肢较短。被毛同质，白色。

成年体重 ：公羊 110 ～ 140 千克，母羊 80 ～ 100 千克。4 ～ 6 月龄羔羊的胴体重为 20 ～ 23 千克，屠宰率为 50%。剪毛量成年公羊 3 ～ 4 千克，成年母羊 2.0 ～ 2.5 千克，毛长 4 ～ 7 厘米，羊毛细度 56 ～ 58 支。初产母羊产羔率为 135%，经产母羊产羔率可达 190%。

夏洛莱羊公羊

3. 无角多赛特

产地：原产于澳大利亚和新西兰。

主要特性：属肉用绵羊品种。体质结实，头短而宽，耳中等大，公、母羊均无角，颈短、粗，胸宽深，背腰平直，后躯丰满，四肢粗、短，整个躯体呈圆桶状，面部、四肢及被毛为白色。

无角多赛特羊公羊

周岁体重：公羊（82.16±6.13）千克，母羊（70.06±6.56）千克。4月龄羔羊胴体重，公羊22千克，母羊19.7千克，屠宰率50%以上。成年羊毛长：公羊（9.42±1.57）厘米，母羊（7.56±0.98）厘米。羊毛细度：成年公羊（31.82±3.73）微米，母羊（30.03±3.69）微米。净毛率：成年公羊60.94%±4.45%，母羊65.61%±6.31%。产羔率为130%～180%。

4. 萨福克

产地（或分布）：原产于英国。

主要特性：属肉用绵羊品种。体格大，头短而宽，鼻梁隆起，耳大，公、母羊均无角，颈长、深且宽厚，胸宽，背、腰和臀部长宽而平。肌肉丰满，后躯发育良好。体躯主要部位被毛白色，但偶尔可发现有少量的有色纤维，头和四肢为黑色短刺毛。

周岁羊体重 ：公羊（114.2±6.0）千克，母羊（74.8±5.6）千克。7月龄体重70.4千克，胴体重38.7千克，屠宰率为55.0%。成年剪毛量：公羊4～5千克，母羊3～4千克，毛长7～8厘米，细度56～58支，净毛率为60%左右。产羔率为130%～165%。

萨福克羊公羊

萨福克羊群体

5. 德国肉用美利奴羊

产地（或分布）：德国的萨克森州。

主要特性：属肉毛兼用型品种，被毛白色，密而长，弯曲明显。公、母羊均无角，颈部及体躯皆无皱褶。体格大，胸深宽，背腰平直，肌肉丰满，后躯发育良好。

成年羊体重 ：公羊 90 ～ 100 千克，母羊 60 ～ 65 千克。6 月龄羔羊体重 40 ～ 45 千克，胴体重 19 ～ 23 千克，屠宰率 47% ～ 51%。剪毛量 ：公羊 10 ～ 11 千克，母羊 4.5 ～ 5.0 千克，羊毛长度 7.5 ～ 9.0 厘米，细度 60 ～ 64 支，净毛率为 45% ～ 52%。产羔率为：140% ～ 175%。

德国肉用美利奴羊公羊

德国肉用美利奴羊母羊

6. 特克塞尔羊

产地（或分布）：原产于荷兰特克塞尔岛。

主要特性：属于肉用型绵羊品种。头大小适中，清秀无长毛，公、母羊均无角，耳短，眼大凸出，鼻端、眼圈、蹄质为黑色，颈中等长、粗，鬐甲宽平，体躯肌肉丰满，胸圆，背腰平直、宽，后躯发育良好。

成年羊体重 ：公羊 110 ～ 130 千克，母羊 70 ～ 90 千克。6 ～ 7 月龄体重达 50 ～ 60

千克。剪毛量 5 ～ 6 千克，毛长 10 ～ 15 厘米，毛细度 50 ～ 60 支，净毛率为 60%。屠宰率为 54% ～ 60%。产羔率为 150% ～ 160%。

特克塞尔羊公羊

7. 波尔山羊

产地（或分布）：原产于南非。

主要特性：属肉用山羊品种。短毛，头部一般为红（褐）色并有广流星（白色条带），身体为白色，一般有圆角、耳大下垂，颈粗壮，肩宽肉厚，体躯结构良好四肢短而结实，背宽而平直，肌肉丰满，整个体躯圆厚而紧凑。成年羊体重 ：公羊 90 ～ 130 千克，母羊 60 ～ 90 千克。产羔率为 193% ～ 225%。屠宰率在 2 ～ 3 岁时达到 52% ～ 54%。

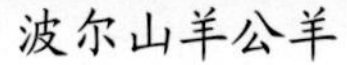

波尔山羊公羊

波尔山羊群体

第二节 肉用羊生产性能测定

生产性能测定特指在相对一致的条件下，对测定群个体主要经济性状进行度量，并依此对该个体的遗传性能作出评估。

适用于种羊场种羊的场内测定、后备种羊的性能测定，测定的性状和方法限于与羊遗传评估有关的部分，不作为全面的种羊测定规程使用。

一、测定条件和要求

各羊场的种公羊、种母羊和繁殖群公羊、母羊、后备种羊可以按以下条件和要求进行性能测定。

（一）饲养管理条件

1. 待测羊的营养水平和饲料种类应相对稳定，并注意饲料卫生条件。肉羊饲料要来源广泛，要充分发挥测定羊的生产潜力。对饲料原料要定期化验分析，防止出现伪劣品；注意微量元素和维生素的添加。

2. 同一羊场内待测羊的圈舍、运动场、光照、饮水和卫生等管理条件应基本一致。

3. 测定单位应具备相应的测定设备和用具 ：如背膘测定仪、电子称等，并指定经过培训并达到合格条件的技术人员专门负责测定和数据记录。

4. 待测羊必须由技术熟练的工人进行饲养，并有具备基本育种知识和饲养管理经验的技术人员进行指导。

（二）卫生防疫

测定场要有健全的卫生防疫体系，使羊保持在健康的情况下，特别是要在无传染病的条件下，进行测定选育。种羊应从健康无病的场内引种，并严格进行隔离饲养。

测定场根据本场的具体情况，建立健全消毒制度、免疫程序和疫病的检测制度，选择注射疫苗的种类，并注意产地与质量。

（三）环境条件

保证充足、洁净的饮水，适宜的温度、湿度。并注意有害气体的含量。

（四）测定的条件

1. 待测羊和父、母亲个体号（ID）必须正确无误。

2. 待测羊必须是健康、生长发育正常、无外形缺陷和遗传疾病。

3. 测定前应接受负责测定工作的专职人员检查。

二、测定羊的个体标识

个体标识是对羊群管理的首要步骤。个体标识有耳标、液氮烙号、条形码、电子识别标志等，目前常用的主要是耳标识牌。建议标识牌数字采用 15 位标识系统，即：

2 位品种＋ 1 位性别＋ 12 位顺序号

顺序号由 12 位阿拉伯数码，分 4 部分组成，如下图所示：

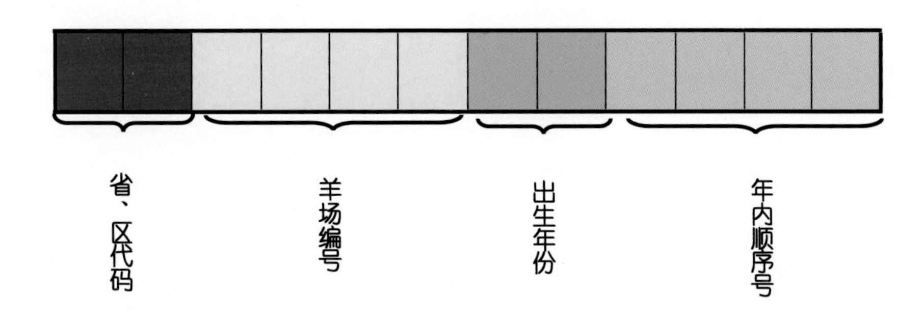

（一）品种代码

采用与羊只品种名称（英文名称或汉语拼音）有关的两位大写英文字母组成（用表 1-1 来举例说明）。

表 1-1　中国羊只品种代码编号表

品种	代码	品种	代码	品种	代码
滩羊	TA	考力代绵羊	KO	青海毛肉兼用细毛羊	QX
同羊	TO	腾冲绵羊	TM	青海高原毛肉兼用半细毛	QB
兰州大尾羊	LD	藏羊	ZA	凉山半细毛羊	LB
和田羊	HT	子午岭黑山羊	ZH	中国美利奴羊	ZM
哈萨克羊	HS	承德无角山羊	CW	巴美肉羊	BM
贵德黑裘皮羊	GH	太行山羊	TS	豫西脂尾羊	YZ
多浪羊	DL	中卫山羊	ZS	乌珠穆沁羊	UJ
阿勒泰羊	AL	柴达木山羊	CS	洼地绵羊	WM

续表

品种	代码	品种	代码	品种	代码
湘东黑山羊	XH	吕梁黑山羊	LH	蒙古羊	MG
马头山羊	MT	澳洲美利奴羊	AM	小尾寒羊	XW
波尔山羊	BG	黔北麻羊	QM	昭通山羊	ZS
德国肉用美利奴	DM	夏洛来羊	CH	重庆黑山羊	CH
杜泊羊	DO	萨福克羊	SU	广灵大尾羊	GD
大足黑山羊	DZ	圭山山羊	GS	川南黑山羊	CN
贵州白山羊	GB	川中黑山羊	CZ	贵州黑山羊	GH
成都麻羊	CM	建昌黑山羊	JH	马关无角山羊	MW
特克赛尔羊	TE	无角道赛特羊	PD	南江黄羊	NH
藏山羊	ZS	新疆细毛羊	XX	大尾寒羊	DW

（二）省、区代码的确定

按照国家行政区划编码确定各省（市、区）编号，由两位数码组成，第一位是国家行政区划的大区号，例如，北京市属“华北”，编码是“1”，第二位是大区内省市号，“北京市”是“1”。 因此，北京编号是“11”。全国各省区编码见表 1-2。

表 1-2 中国羊只各省（市、区）编号表

省（区）市	编号	省（区）市	编号	省（区）市	编号
北京	11	安徽	34	贵州	52
天津	12	福建	35	云南	53
河北	13	江西	36	西藏	54
山西	14	山东	37	重庆	55
内蒙古	15	河南	41	陕西	61

续表

省（区）市	编号	省（区）市	编号	省（区）市	编号
辽宁	21	湖北	42	甘肃	62
吉林	22	湖南	43	青海	63
黑龙江	23	广东	44	宁夏	64
上海	31	广西	45	新疆	65
江苏	32	海南	46	台湾	71
浙江	33	四川	51		

（三）编号说明

1. 羊场编号为 4 位数。不足四位数以 0 补位，如“0021”。

2. 羊只出生年份的后 2 位数，如 2008 年出生即写成“08”。

3. 羊只年内出生顺序号 4 位数，不足 4 位的在顺序号前以 0 补齐，如“0009”。

4. 公羊为奇数号，母羊为偶数号。

5. 在本场进行登记管理时，可以仅使用 6 位羊只编号（出生年份 + 年内顺序号）。羊号必须写在羊只个体标示牌上，耳牌佩戴在左耳。

6. 在羊只档案或谱系上必须使用 12 位标示码；如需与其他品种羊只进行比较，要使用 15 位标示系统，即在羊只编号前加上 2 位品种编码和 1 位性别编码。

7. 对现有的在群羊只进行登记或编写系谱档案等资料时，如现有羊号与以上规则不符，必须使用此规则进行重新编号，并保留新旧编号对照表。

三、测定性状

遗传评估测定的性状根据具体品种确定，其中若干个是必须测定的基本性状，其余性状可根据各场的实际情况尽量考虑进行测定。

肉羊性能测定所涉及的性状应该具有一定的价值或与经济效益紧密相关，一般分为生长发育性状、肥育性状、胴体性状、肉质性状、繁殖性状五类。

1. 生长发育性状

生长发育性状指初生重、断奶重、6 月龄重、周岁重、18 月龄重、24 月龄重、日增重及各年龄阶段的体尺性状，如体高、体长、胸围。

2. 肥育性状

肥育性状是指育肥始重、育肥末重、平均日增重、饲料利用率等；

3. 胴体性状

胴体性状是衡量一只肉用羊经济价值的最重要指标，因而也是肉用羊性能测定的最重要组成部分，主要包括屠宰前体重、胴体重、屠宰率、胴体净肉率、背膘厚、眼肌面积、肉骨比等；

部位产肉量涉及羊胴体的精细分割，若仅以胴体为单位进行评价和出售，可不分割。

4. 肉质性状

肉质是一个综合性状，其优劣是通过许多肉质指标来判定，常见的有肉色、大理石纹、系水力、贮藏损失、pH、膻味、胴体等级等指标。

羊肉风味测定需要专门的仪器，而且风味物质的研究没有完整揭示羊肉风味产生的原因，故建议不进行专门的风味测定，由膻味的感官评定取代。

5. 繁殖性状

母羊繁殖性能的指标 ：初配适龄、繁殖的季节性（常年发情或季节性发情）、繁殖成活率等。

公羊繁殖性能的指标：精液产量、以及各项精液品质（精子活力、密度等）指标。以上指标主要是对种公羊进行繁殖性能测定。

四、肉羊主要性状的测定方法

（一）体尺测定

1. 成年羊体高

受测羊只在坚实平坦地面端正站立时鬐甲最高点到地平面的垂直距离。单位厘米，结果保留至一位小数，用丈尺测量。

2. 成年羊体斜长

受测羊只在坚实平坦地面端正站立时由肩胛骨前缘至臀端（坐骨结节突起）外缘的距离。单位厘米，结果保留至一位小数，用丈尺测量。

3. 成年羊胸围

受测羊只在坚实平坦地面端正站立由在肩胛骨后缘做垂直线绕胸一周的长度。单位厘米，结果保留至一位小数，用皮尺测量。

4. 成年羊胸深

受测羊只在坚实平坦地面端正站立时肩胛最高处到胸骨下缘胸突的直线距离。单位厘米，结果保留至一位小数，用丈尺测量。

5. 成年羊胸宽

受测羊只在坚实平坦地面端正站立时肩胛最宽处左右两侧的的直线距离。单位厘米，结果保留至一位小数，用丈尺测量。

（二）生长发育性状测定

1. 初生重

羔羊初生后 1 小时内未饮初乳前的体重，单位为千克，结果保留至一位小数。

2. 断奶重

羔羊断奶时的空腹体重，单位为千克，结果保留至一位小数。

3. 周岁重

周岁羊禁食 12 小时的空腹重，单位为千克，结果保留至一位小数。18 月龄重、24 月龄重依次类推。

（三）肥育性状测定

除一般性状外，建议使用电子识别自动记料饲喂系统。

1. 肥育始重

肥育期开始之日的空腹体重，单位为千克，结果保留至一位小数。

2. 肥育末重

肥育期结束之日的空腹体重，单位为千克，结果保留至一位小数。

3. 平均日增重（*ADG*）

肥育期内平均每天的增加的体重，单位为克。用以下公式计算：

$$ADG=\frac{\text{测定结束时的体重}-\text{测定开始时的体重}}{\text{测定天数}} \tag{1}$$

4. 饲料利用率

有料肉比和饲料转化率两种表示方法。

$$\text{料肉比}=\frac{\text{肥育期消耗饲料量}}{\text{肥育期增重量}} \tag{2}$$

（四）胴体性状测定

肉羊宰前 24 小时停食，保持安静的环境和充足的饮水，宰前 8 小时停水称重。屠宰车间内，在肉羊颈下缘喉头部割开血管放血；剥皮后，沿头骨后端和第一颈椎间断去头；从腕关节处切断去前蹄，从跗关节处切下去后蹄；从尾根部第 1 节至第 2 节切断去尾；沿腹侧正中线切开，纵向锯断胸骨和盆腔骨，切除肛门和外阴部，分离连结壁的横隔膜。除肾脏和肾脂肪保留外，其他内脏全部取出，切除阴茎、睾丸、乳房，沿背中线劈开两半称重。然后转入 0 ～ 4℃后成熟车间，48 小时后分割。

1. 宰前活重

待测羊在屠宰前自然状态下的质量，单位为千克，结果保留至一位小数。

2. 胴体重

待测羊屠宰放血后，剥去毛皮、除去头、内脏及前肢膝关节和后肢趾关节以下部分后，整个躯体（包括肾脏及其周围脂肪）静置 30 分钟后的重量，单位为千克，结果保留至一位小数。

3. 屠宰率

胴体重加上内脏脂肪重（包括大网膜和肠系膜的脂肪）与宰前活重的百分比。结果保留两位小数。计算方法为：

屠宰率（%）=（胴体重 + 内脏脂肪重）/ 宰前活重 ×100%

4. 胴体净肉率

指用胴体精细剔除骨头后余下的净肉重量。要求在剔肉后的骨头上附着的肉量及耗损的肉屑量不能超过 500 克。结果保留两位小数。计算方法为：

胴体净肉率（%）=（胴体重－骨重）/ 胴体重 ×100%

5. 背脂厚

指第 12 根肋骨与第 13 根肋骨之间眼肌肉中心正上方脂肪的厚度。单位为毫米。用游标卡尺测量，结果保留至一位小数。（参照中华人民共和国农业行业标准 - 羊肉质量分级 NY/T 630-2002）

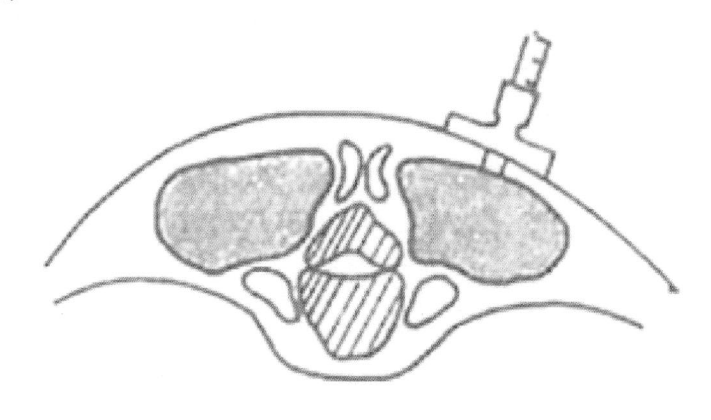

背脂厚部位

6. 肋肉厚

羊胴体第 12 与 13 肋骨间，距背中线 11 厘米自然长度处胴体肉厚度。单位为毫米，用游标卡尺测量，结果保留至一位小数。（参照中华人民共和国农业行业标准 - 羊肉质量分级 NY/T 630-2002）

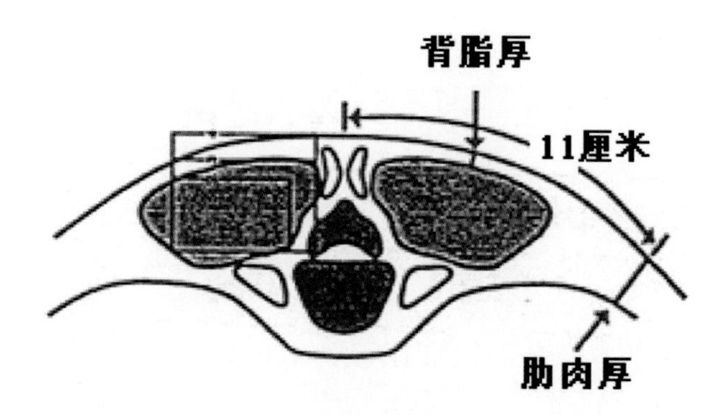

肋肉厚部位

7. 眼肌面积

从右半片胴体的第 12 根肋骨后缘横切断，将硫酸纸贴在眼肌横断面上，用软质铅笔沿眼肌横断面的边缘描下轮廓。用求积仪或者坐标方格纸计算眼肌面积。若无求积仪，可采用硬尺，准确测量眼肌的高度和宽度，并计算眼肌面积，单位为平方厘米，结果保留两位小数。计算方法为：

眼肌面积 = 眼肌的高度 × 眼肌的宽度 ×0.7

眼肌面积横截面

8. 肉骨比

胴体经剔净肉后（骨骼上附着的肉不允许超过 500 克），称出实际的全部净肉质量和骨骼质量，计算肉骨比。结果保留两位小数。计算方法为：

肉骨比 = 净肉质量 / 骨骼质量　　　　　　　　　　　　　　　　　　(3)

（五）肉质性状测定

肉质是一类综合性状，其优劣是通过许多肉质指标来综合评定。

1. 肉质试验取样

动物宰杀后去皮、头、蹄和内脏。取肉样后进行肉骨分离，现场用硫酸纸印眼肌面积，同时进行肉色等指标评定。从每只屠宰试验羊第 12 根肋骨后取背最长肌 15 厘米左右（约 300 克），臂三头肌和后肢的股二头肌各 300 克 ；8 ～ 12 肋骨（从倒数第 2 根肋骨后缘及倒数第 7 根肋骨后缘用锯将脊椎锯开）肌肉样块约 100 克。将所得肉样块均用尼龙袋封口包装，贴上标签，置于 0 ～ 4℃贮存，尽快用于测定肉品质各项指标。

2. 肉色

（1）测定时间 ：于宰后 1 ～ 2 小时进行 ；

（2）测定部位 ：最后一个胸椎处背最长肌（眼肌）；

（3）将羊肉一分为二，平置于白色瓷盘中，对照肉样和肉色比色板在自然光下进行目测评分。采用 6 分制比色板评分 ：目测评定时，避免在阳光直射下或在室内阴暗处评定。灰白色评 1 分，微红色 2 分，鲜红色评 3 分，微暗红色评 4 分，暗红色评 5 分。两级间允许评定 0.5 分。具体评分时与日式肉色评分图对比，凡评为 3 分或 4 分均属于正常颜色。

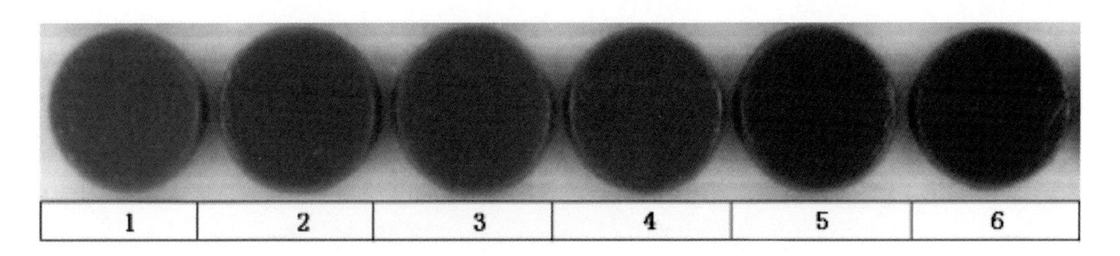

3. 脂肪色泽

指羊胴体或分割肉表层与内部沉积脂肪色泽状态。测定方法 ：宰后 2 小时内，取胸腰结合处背部脂肪断面，目测脂肪色，对照标准脂肪色图评分 ：1 分 - 洁白色，2 分 - 白色，3 分 - 暗白色，4 分 - 黄白色，5 分 - 浅黄色，6 分 - 黄色，7 分 - 暗黄色。

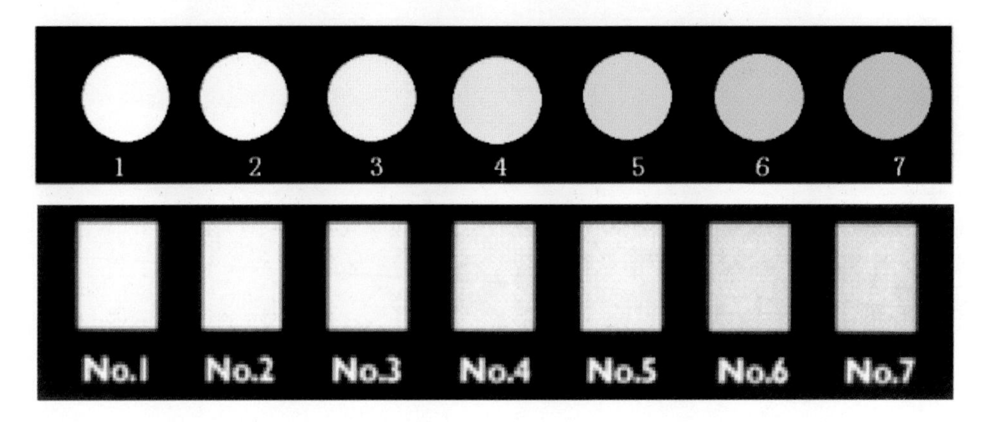

4. 大理石花纹评分

（1）测定时间：屠宰后 24 小时内进行；

（2）测定部位：第 12、第 13 胸肋眼肌横断面；

（3）宰后取样，于 4℃冰箱中存放 24 小时进行评定。将羊肉一分为二，平置于白色瓷盘中，在自然光下进行目测评分。

5. 失水率

（1）测定时间：屠宰后 1～2 小时内进行；

（2）测定部位：截取腰椎后背最长肌 7～8 厘米肉样一段；

（3）测定方法：平置在洁净的橡皮片上，用直径为 5 厘米的圆形取样器切取中心部分眼肌样品一块，厚度为 1.5 厘米，立即用感量为 0.001 克的天平称重，然后夹于上下各垫 18 层定性中速滤纸中央，再上下各用一块 2 厘米厚的塑料板，在 35 千克的压力下保持 5 分钟，撤除压力后，立即称肉样重量。肉样前后重量的差异即为肉样失水重。计算方法为：

肉品失水率（%）=（压前重量－压后重量）/ 压前重量 ×100%

6. 贮藏损失

（1）测定时间：羊宰杀后 2 小时内进行；

（2）测定部位：腰椎处取背最长肌；

（3）测定方法：将试样修整为 5 厘米 ×3 厘米 ×2 厘米的肉样后称贮存前重。然后用铁丝钩住肉样一端，使肌纤维垂直向下，装入塑料食品袋中，扎好袋口，肉样不与袋壁接触，在 4℃冰箱中吊挂 24 小时后称贮存后重，计算方法为：

贮藏损失（%）=（贮前重量－贮后重量）/ 贮前重量 ×100%

7. pH 值

（1）测定时间：于宰后 45 分钟和 24 小时；

（2）测定部位：倒数第 1 至第 2 胸椎段背最长肌；

（3）测定方法：于宰后 45 分钟测定 1 次，将肉样冷藏于 4℃冰箱中，24 小时后再用酸度计测定。用清洁小刀从屠宰羊相同各部位肌肉内层切取肌肉组织 10 克，用组织匀浆机搅碎，置于小烧杯内，加入等量蒸馏水混和，在室温静置 10 分钟左右，将酸度计的玻璃电极直接插入烧杯中的肉水混合物内，并在酸度计表头上数字稳定后，读出 pH 值，要求用精确度为 0.05 的酸度计测定。正常 pH 值为 5.9～6.5。

8. 膻味

取前腿肉 0.5～1.0 千克放入铝锅内蒸 60 分钟，取出切成薄片，放入盘中，不加任何佐料（原味），凭咀嚼感觉来判断膻味的浓淡程度。

（六）繁殖性状测定

1. 公羊繁殖性能的指标

（1）精液产量

健康公羊一次射出精液的容量。单位：毫升（ml）

（2）精子密度

指 1 毫升精液中所含有的精子数目。（常用血细胞计数器计算）

（3）精子活力

将精液样制成压片，在显微镜下一个视野内观察，其中直线前进运动的精子在整个视野中所占的比率，100% 直线前进运动者为 1.0 分。

2. 母羊繁殖性能的指标

（1）初配适龄：肉羊的初配适龄依据品种和个体发育不同而异，一般指体重达到成年体重的 70% 时即可配种。肉羊生产中确定初配适龄时间，可缩短世代间隔，提高母羊的利用率。

（2）繁殖的季节性：指母羊发情配种发生的时间性，一般有常年发情和季节性发情两种，可根据繁殖季节合理安排肉羊生产。

（3）繁殖成活率：断乳羔羊数与能繁母羊数的百分比。结果保留至两位小数。计算方法为：

$$繁殖成活率(\%)=\frac{断乳羔羊数}{能繁母羊数}\times 100\%$$

（七）体型外貌评定

体型外貌鉴定的目的是确定肉羊的品种特征、种用价值和生产力水平，体型评定往往要通过体尺测定，并计算体尺指数加以评定。肉羊体型外貌主要有以下特点：

头部：头短而宽，颈短而粗，鬐甲低平，胸部宽圆，肋骨开张良好，背腰平直，肌肉丰满，后躯发育良好，四肢较短，整个体形呈长方形。

皮肤：皮下结缔组织及内脏器官发达，脂肪沉积量高，皮肤薄。

骨骼：一般因营养丰富，饲料中矿物质充足，管状骨迅速钙化，骨骼在生长早期即停止，因此，骨骼的形状也比较短。

头骨：头短而宽，鼻梁稍向内弯曲或呈拱形，眼圈大，而眼和两耳间的距离较远。

颈部：颈较短，由于颈部肌肉和脂肪发达，颈部显得宽而呈圆形。

鬐甲：鬐甲的部位是由前 5 ～ 7 个脊椎骨连同其棘突及横突构成的，鬐甲两侧止于肩胛骨的上缘。肉用羊的鬐甲很宽，与背部平行，由于脊椎横突较长和棘突较短，脊椎上长有大量的肌肉和脂肪，显得肌肉发达，鬐甲也显得很宽。同时也可以看到发育好的肌肉和皮下脂肪充满了所有脊椎棘突和横突之间的空隙，因而使背线和鬐甲构成一直线。

背部：腰部平、直、宽，故显得肉多。

臀部：臀部应与背部、腰部一致，肌肉丰满。后视，两后腿间距离大。

胸部：胸腔圆而宽，长有大量的肌肉。虽然脊椎短，胸腔长度不足，但肋骨开张良好，显得宽而深。肉用羊胸腔内的容量较小，心脏不发达。

四肢：四肢短而细，前后肢开张良好而宽，并端正，显得坚实而有力。

肉山羊的外貌评定我们建议按表 1-3 通过对各部位打分，求出总评分，最后按表 3 评定等级。肉山羊外貌等级评分示意图见图 2。

肉绵羊的外貌评定我们建议按表 1-5 通过对各部位打分，求出总评分，最后按表 1-6 评定等级。

表 1-3　肉山羊外貌评分

项　目	评　分　标　准	评　　分	
		公　羊	母　羊
整体结构	体质结实，结构匀称，头短而宽，颈短而粗，鬐甲低平，胸部宽圆，肋骨开张良好，背腰平直，肌肉丰满，后躯发育良好，四肢较短，整个体形呈长方形	25	25
体　　躯	胸部深广，背腰平直，鬐甲高于十字部，尻丰满斜平适度，肌肉发达	30	30
乳　　房	乳房发育良好，乳头大小均匀	/	25
四肢及蹄	四肢短而细，前后肢开张良好而宽，并端正，显得坚实而有力，蹄质坚实	20	20
育肥状态	由于颈部肌肉和脂肪发达，颈部显得宽而呈圆形，脊椎上长有大量的肌肉和脂肪，显得肌肉发达，腰部平、直、宽，故显得肉多。胸腔圆而宽，长有大量的肌肉。臀部肌肉丰满。后视，两后腿间距离大	25	/
合　　计		100	100

表 1-4　肉山羊体型外貌等级评分

等　　级	公　　羊	母　　羊
特级	≥ 95	≥ 95
一级	≥ 90	≥ 85
二级	≥ 80	≥ 75
三级	≥ 75	≥ 65

表 1-5 肉绵羊外貌评分

项目	细目与给分要求		标准评分
整体结构	1. 羊大小的评定 据品种的月龄或年龄应达到的体格和体重的大小衡量；	6	34
	2. 体型结构的评定 据品种要求，看其体躯的长、宽、深及前、中、后躯比例关系，凡配组相称、协调并结合良好者；	10	
	3. 肌肉分布及其附着状态的评定 据品种要求，有前胸、两肩、背、臀、四腿和尾根肌肉分布均匀并附着良好；	10	
	4. 骨、皮、毛综合表现的评定 据品种要求，骨骼相对较细，坚实和皮肤薄致密有弹性，被毛着生良好和较细较长并品质好	8	
头、颈部	1. 据品种要求，头适中，口大、唇薄和齿好；	1	7
	2. 眼大而明亮；	1	
	3. 脸短而细致；	1	
	4. 额宽丰满并头长宽比例适当；	1	
	5. 耳相对纤细灵活；	1	
	6. 颈长短适度并颈肩结合良好	2	
前躯	1. 据品种要求，肩丰满、紧凑、厚实；	4	7
	2. 前胸较宽、丰满、厚实，肌肉直达前腿；	2	
	3. 前肢直立、腿短并距离较宽且胫细	1	
体躯（中躯）	1. 据品种要求，正胸宽、深，胸围大；	5	27
	2. 背宽平，长短适度且肌肉发达；	8	
	3. 腰宽、平、长、直且肌肉丰满；	9	
	4. 肋开展，长而紧密；	3	
	5. 肋腰部低厚，并在腹下成直线	2	

续表

项目	细目与给分要求	标准评分	
后躯	1. 据品种要求，荐腰结合良好、平直、开展； 2. 臀长、宽、平直达尾根； 3. 大腿肌肉丰厚和后裆开阔； 4. 小腿肥厚成大弧形； 5. 后肢短直，坚强且胫相对较细	2 5 5 3 1	16
被毛着生及其品质	1. 据品种要求，被毛覆盖良好，较细和较柔； 2. 被毛较长； 3. 被毛光泽好、油汗量适中，并较清洁	3 3 3	9
合计		100	100

表 1-6　肉绵羊体型外貌等级评分

等　　级	肉绵羊得分
优秀	≥ 80
良好	≥ 65
及格	≥ 50

附：美国肉绵羊体况评级标准

该标准采用五级评分的方法对绵羊体况进行评级，比用肉眼观察肉绵羊体型外貌的评定结果更为准确，对于我国肉用绵羊的体型外貌评分具有重要参考价值。

其具体方法是用手触摸待测羊后腰部位的肌肉和脂肪沉积情况，如图 1-1 至图 1-8 所示：

五级评分的标准在美国得到了广泛的应用，具体如下图所示：

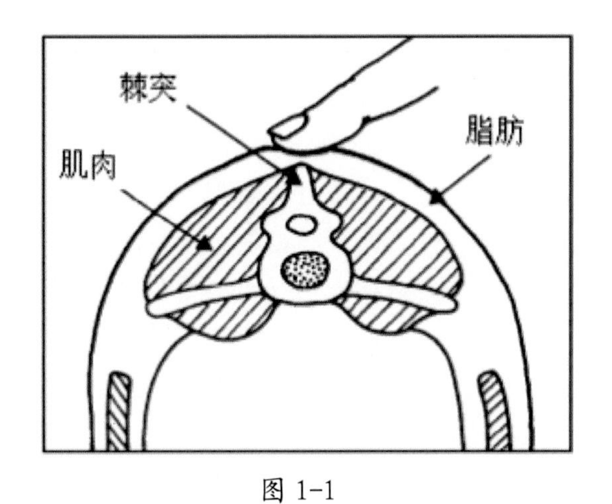

图 1-1

触摸绵羊背脊，位置介于最后一根肋骨与髋骨前端之间。

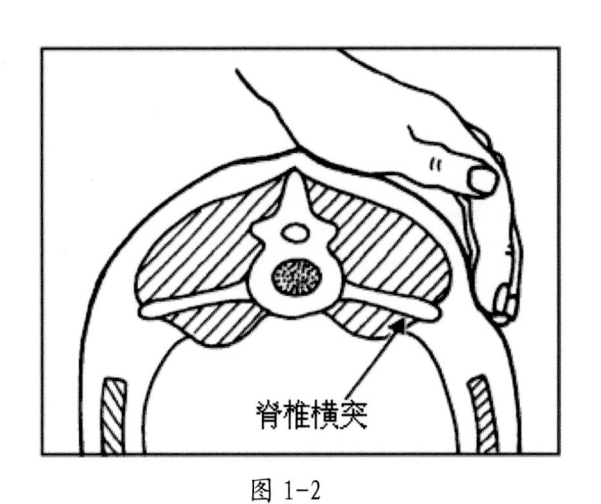

图 1-2

触摸脊椎横突尖端

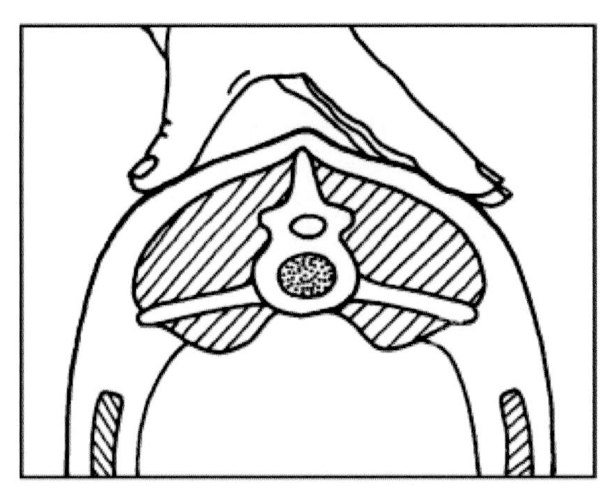

图 1-3

触摸肌肉和脂肪层的丰满度

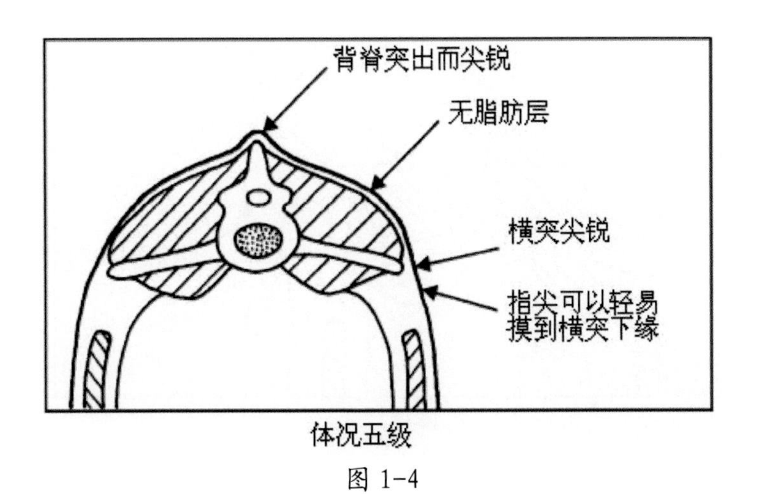

体况五级

图 1-4

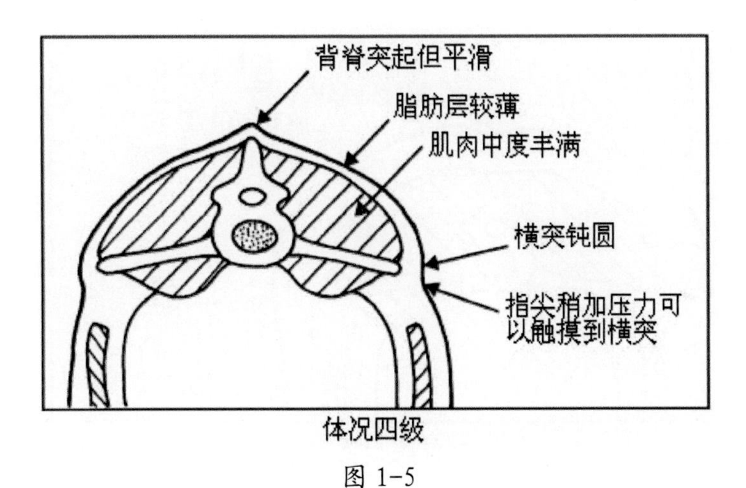

体况四级

图 1-5

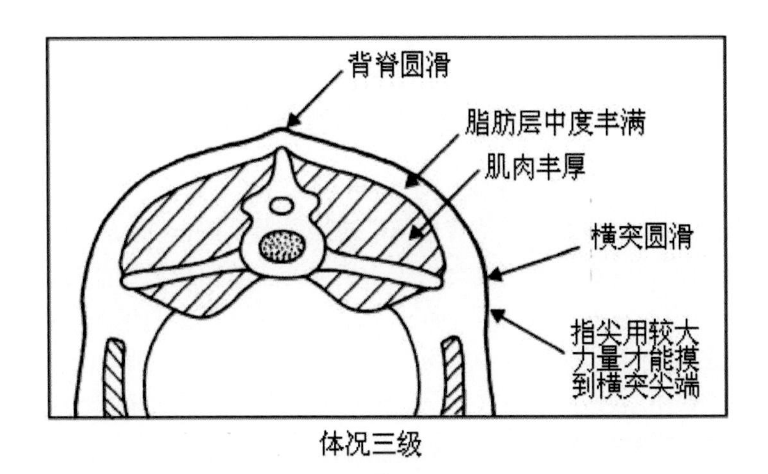

体况三级

图 1-6

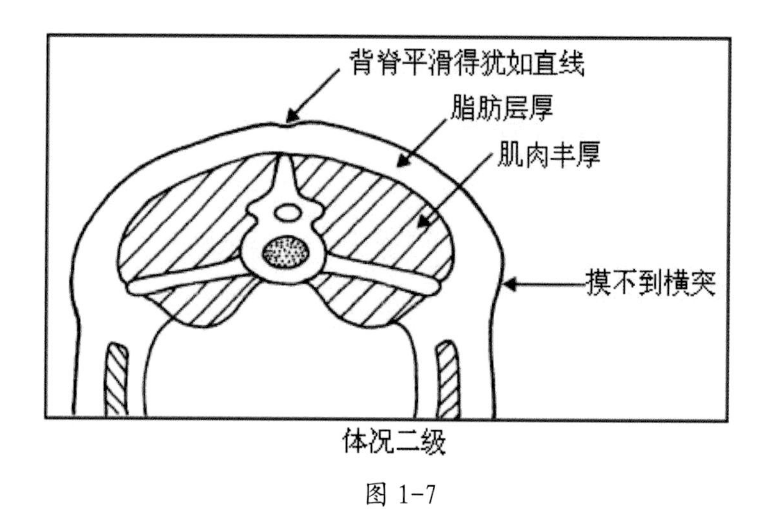

图 1-7

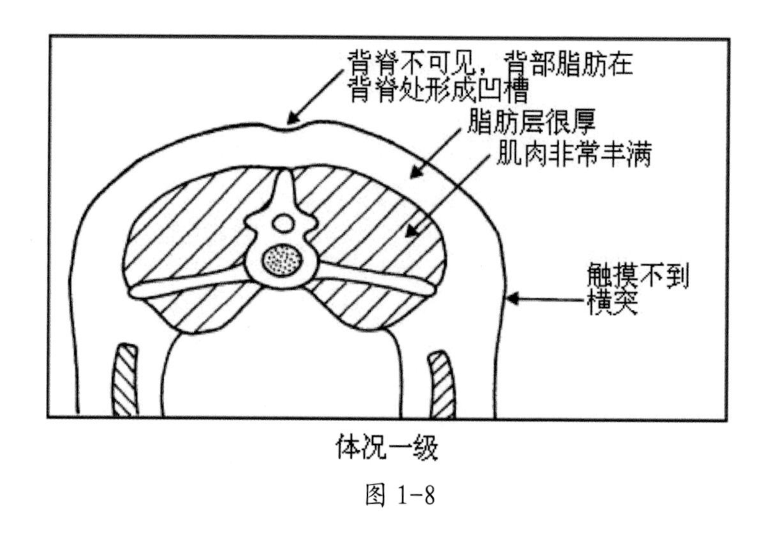

图 1-8

五、超声波活体测定

在性能测定过程中,对个体产肉性能可应用超声波活体测定。主要工作原理和方法是：将B超探头表面涂上藕合剂，在待测羊背部剪毛后涂上适量藕合剂，然后将探头置于所测位置并施予适当压力，此时高频超声波会把透入机体产生的回声波换能器接收变成高频电信号后传送回主机，经放大处理后于荧光屏上显现出被探查部位的切面声相图，观察并调节屏幕影像，当获得理想影像时即冻结影像，测量并记录背膘厚、眼肌面积和肌间脂肪含量等。应用超声波测定的活体性状通常有：眼肌面积、背膘厚、肌间脂肪含量、胚胎发育等。

1. 眼肌面积

测定第 12 ～ 13 肋骨间的眼肌面积，用平方厘米来衡量。

2. 背膘厚

测定第 12 ～ 13 肋骨间的背膘厚，用厘米来衡量。

3. 肌间脂肪含量

超声波探头与测定背膘厚的位置和方向相同，可自动显示批数。

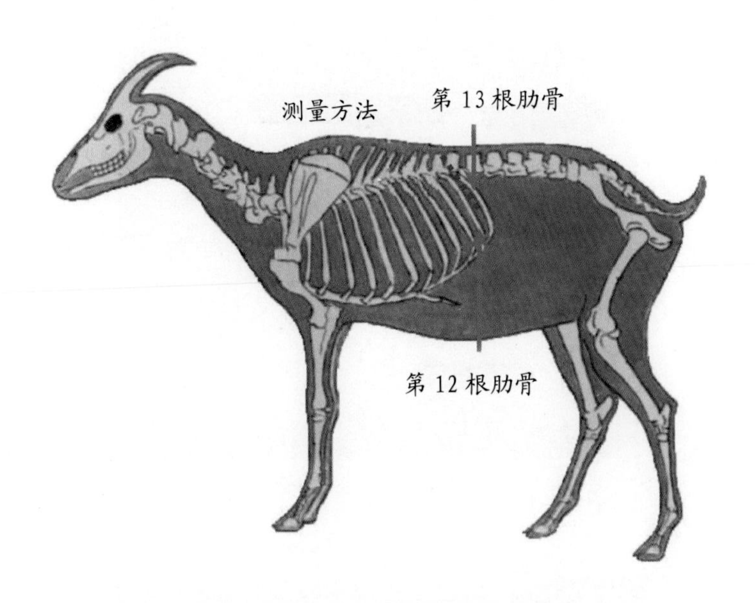

测量眼肌面积和背膘厚的解剖图

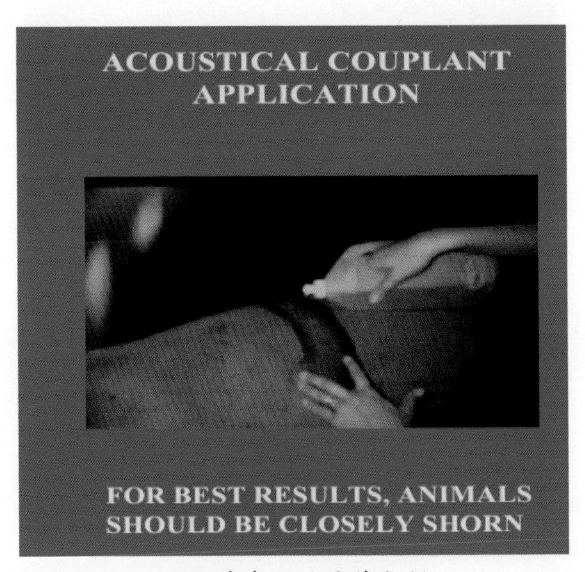

测定前涂上适量耦合剂

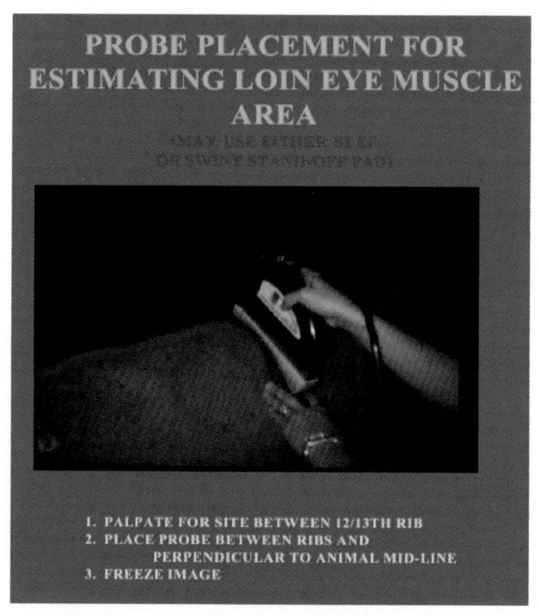

肉羊超声波活体测定

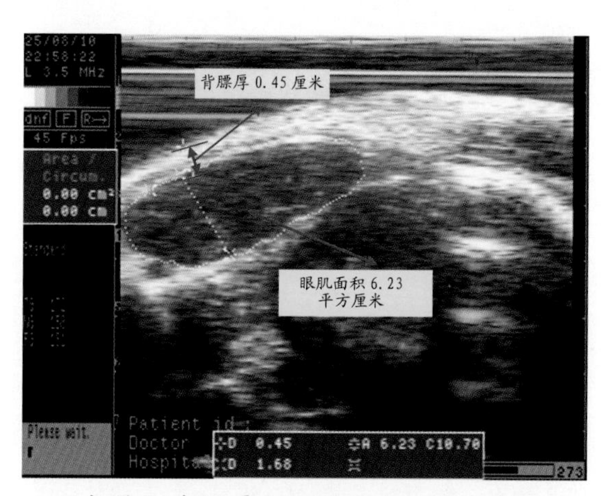

B 超检测背膘厚和眼肌面积结果示意图

六、胴体等级评定

根据胴体性状和肉质性状对胴体进行分级，分级的结果作为按质论价的标准。（参照中华人民共和国农业行业标准－羊肉质量分级 NY/T 630-2002 执行）。

七、遗传评估方法

1. 个体表型选择只是根据个体本身的表型值选择，主要基于个体品种鉴定和生产性能测定的结果来衡量。主要在育种工作的初期、缺少育种记载和后代品质资料时采用，针对遗传力较高的性状实施。例如鉴定羊时，羊只的整体结构是否匀称，外形有无严重缺陷，被毛有无花斑或杂色毛，行动是否正常，待羊解禁后，再看公羊是否单睾、隐睾，母羊乳房是否正常等，以确定该羊有无进行个体鉴定的价值。被选个体的育种值可以根据被选留个体的表型值与同群羊同一性状在同一时期的平均表型值和被选性状的遗传力进行估算，其公式为：

$$\hat{A}=(P-\overline{P})h^2+\overline{P} \tag{4}$$

式中，$\hat{A}$ 表示性状估计育种值；P 表示个体表型值；$\overline{P}$ 表示个体同期羊群平均表型值；h^2 表示性状遗传力。

2. 半同胞选择主要是利用同父异母的半同胞表型值资料来估算被选个体。根据半同胞资料估计个体育种值的公式是：

$$\hat{A}=(\overline{P}_{HS}-\overline{P})h_{HS}^2+\overline{P} \tag{5}$$

式中，$\overline{P}_{HS}$ 表示个体半同胞平均表型值；h_{HS}^2 表示半同胞均值遗传力，采用个体的半同胞数量不等，而对遗传力需作加权处理的计算公式为：

$$h_{HS}^2=\frac{0.25Kh^2}{1+(K-1)0.25h^2} \tag{6}$$

式中，K 表示半同胞只数。

第二章 养殖设施化

第一节 肉羊场的布局与选址

建肉羊场必备条件：

条件一：场址不得位于《中华人民共和国畜牧法》明令禁止区域，并符合相关法律法规及区域内土地使用规划。

条件二：具备县级以上畜牧兽医部门颁发的《动物防疫条件合格证》，两年内无重大疫病和产品质量安全事件发生。

条件三：具有县级以上畜牧兽医行政主管部门备案登记证明；按照农业部《畜禽标识和养殖档案管理办法》要求，建立养殖档案。

一、肉羊场选址

1. 距离生活饮用水源地、居民区和主要交通干线、其他畜禽养殖场及畜禽屠宰加工厂、交易场所 500 米以上。

肉羊场选址要符合要求

2. 地势较高，排水良好，通风干燥，向阳透光。

农区羊场

牧区羊场

二、基础设施

1. 水源稳定、水质良好

有贮存、净化设施（水质要满足畜禽无公害饮用水水质标准）。

牧区水井

2. 电力供应充足

风力发电

太阳能发电

3. 交通便利，机动车可通达

羊场交通便利

三、肉羊场的布局

1. 农区场区与外界隔离。牧区牧场边界清晰，有隔离设施。

羊场与外界要隔离

羊场有隔离设施

2. 农区场区内生活区、生产区及粪污处理区分开；牧区生活建筑、草料贮存场所、圈舍和粪污堆积区按照顺风向布置，并有固定设施分离。

文化住宅区

生产管理区

饲养生产区

粪便生产处理区

——→ 主风向

——→ 坡 度

各区分布示意图

3. 农区生产区母羊舍，羔羊舍、育成舍、育肥舍分开，有与各个羊舍相应的运动场。牧区母羊舍、接羔舍、羔羊舍分开，且布局合理。

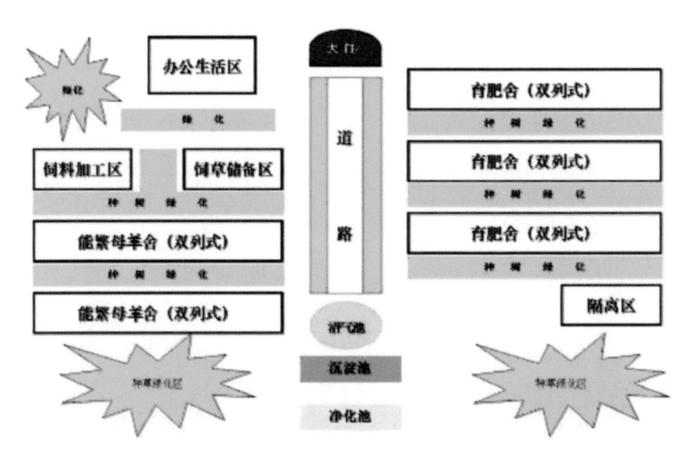

养殖舍要分开

肉羊场布局

舍外运动场

4. 净道和污道：农区净道、污道严格分开；牧区有放牧专用牧道。

农区羊场净道

农区羊场污道

第二节 羊舍设计要求与类型

一、羊舍设计要求

1. 北方地区羊舍建筑形式可采用半开放式或有窗式；南方地区可采用开放式或楼式羊舍。羊舍内要有足够的光线，窗面积占地面面积的1/5，窗距地面高度1.4～1.6米。

2. 羊舍内净高应为2.2～2.5米，舍内地面标高应高于舍外0.2～0.3米，羊舍地面应为缓坡形、硬化、防滑、耐腐蚀、便于清扫，坡度控制在2%～5%。北方地区舍内地面应采用土、砖或者石块铺垫；南方地区可采用漏缝地面。

3. 羊舍屋面可为拱形、单坡或双坡屋面。根据种羊场所在区域气候特点，羊舍屋面应相应采取保温、隔热措施。单坡式屋顶一般用于小型肉羊场的单列式羊栏；双坡式屋顶用于大中型肉羊场的双列式羊栏。

4. 羊舍内种公羊的饲养栏要高于其他栏，种公羊围栏高度1.4～1.6米，其他羊围栏高度1.0～1.2米。

运动场设在羊舍的南面，低于羊舍0.6米以下，沙质土壤，夏季炎热地区有遮阴设施，四周设围栏或砌墙，高2.0～2.5米。

5. 羊舍结构应利用砖、石、水泥、木材、钢筋等修成坚固耐用的永久性羊舍。

二、羊舍类型

1. 开放式羊舍

四周无墙，仅有项棚的建筑，四周敞开可使空气流通，能有效防暑，在天气炎热地区广泛采用。

农区开放式羊舍

2. 半开放式羊舍

上有屋项，三面有围墙保护，一面无墙或仅有一半高的墙，这种羊舍夏季通风情况好，适于冬季不太冷，夏季不太热的中部地区采用。

农区半开放式羊舍

牧区半开放式羊舍

3. 密闭式羊舍

四周有墙壁保护，通风换气依赖于门窗和通风管，这种羊舍保温性能好，适合较寒冷的北方地区。

羊舍依赖于门窗通风换气

羊舍设计应符合标准化饲养工艺。

标准化羊舍

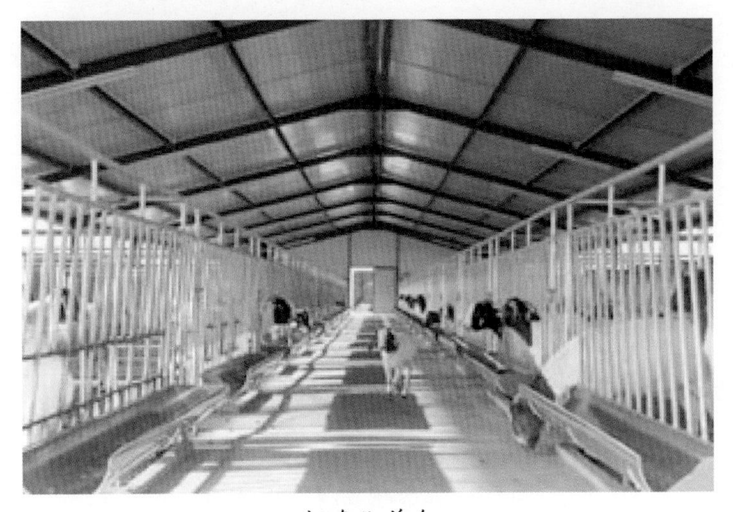

标准化羊舍

三、饲养密度

农区羊舍内饲养密度≥1平方米/只（种公羊4～6平方米/只，空怀母羊1.0～1.2平方米/只，妊娠羊或冬季产羔母羊1.1～2.0平方米/只，育肥羔羊0.6～0.8平方米/只，育肥羯羊或淘汰羊0.7～0.8平方米/只）。牧区符合核定载畜量。

农区羊舍内饲养密度要符合要求

牧区饲养密度要核定载畜量

活动场的面积比舍内面积要大

第三节 通风、饮水、消毒、青贮设施

一、通风设施

农区保温及通风降温设施良好。牧区羊舍有保温设施、放牧场有遮阳避暑设施（包括天然和人工设施）。

夏季舍内要有通风设施

运动场有树阴避暑

有遮阳避暑设施

二、饮水设施

农区羊舍或运动场有自动饮水器，牧区羊舍和放牧场有独立的饮水井和饮水槽。

饮水箱

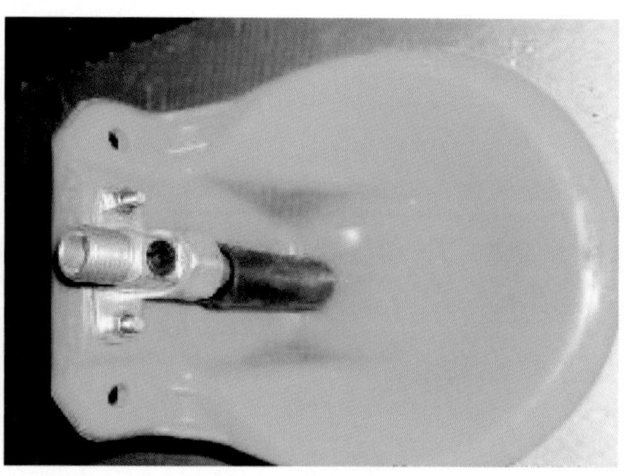

自动饮水器

山羊用自动饮水器

饮水器具

牧区要有水井

三、消毒设施

场区门口有消毒池；羊舍（棚圈）内有消毒器材或设施。

要有专用药浴设备。

车辆消毒

生产区消毒池

场区门口消毒池

药浴池

药浴池

药浴池

四、青贮与干草设施

农区有与养殖规模相适应的青贮设施及设备：干草棚。牧区有与养殖规模相适应的贮草棚或封闭的贮草场地。青贮窖青贮饲草量按饲养 4 个月需要量建设，草库干草贮量按饲养 5 个月需要量建设。

青贮窖

牧区简易干草棚

青贮

农区干草棚

牧区防潮干草棚

干草棚底部要高于地面

青贮窖

第四节 养殖设备与辅助设施

一、养殖设备

1. 农区羊舍内有专用饲槽，运动场有补饲槽。牧区有补饲草料的专用场所，防风、干净

用木板做成可移动的饲槽

饲槽

2. 配套饲草料加工机具，有简单饲草料加工机具、饲料库

简单饲草料加工机具和饲料库

饲草打捆机

饲草揉碎机

搂草机

粉碎机

二、辅助设施

1. 农区有更衣及消毒室。牧区有抓羊过道和称重小型磅秤

更衣室

消毒室

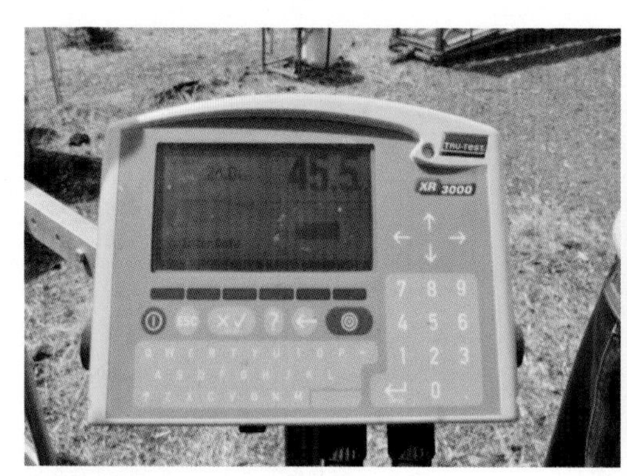

小型磅秤

称重

2. 有兽医及药品、疫苗存放室

兽医室

药品柜

疫苗存放柜

第三章 生产规范化

第一节 肉羊规模化饲养类型

在我国特定的养羊业生产环境下，育肥羊主要有三种方法，即放牧育肥、舍饲育肥和混合育肥。

一、放牧育肥

这是一种应用最普遍、最经济的育肥方法。在夏秋季节的北方天然草场上进行短期放牧育肥，育肥期一般在 8 ～ 10 月份，此时牧草开始结籽，营养充足、易消化，羊只抓膘快，育肥效果好。一般放牧育肥 60 ～ 120 天，羔羊体重可成倍增长。

放牧育肥

二、舍饲育肥

舍饲育肥期通常为60～90天，舍饲育肥的精料可以占到日粮的45%～60%，随着精料比例的增高，羊只育肥强度加大，要预防过食精料引起的肠毒血症和钙磷比例失调引起的尿结石症等。

舍饲育肥

三、混合育肥

一种是在秋末冬初，牧草枯萎后，采用补饲精料，延长育肥时间，育肥期30～40天；另一种是在放牧的同时，给育肥羊补饲一定的混合精料和优质青干草。粗料不限，自由采食。

收割青草

第二节 不同用途肉羊的饲养管理

一、母羊的饲养管理

母羊的饲养管理分为三个阶段。对每个阶段的母羊应根据不同的生产任务和生理阶段对营养物质的需求，给予合理饲养。

1. 空怀期母羊的饲养管理

对于后备青年母羊，在配种前 1 ～ 1.5 个月，应安排繁殖母羊在较好的草地放牧，促进抓膘，使母羊在繁殖季节能正常的发情配种。对体况较差的母羊，给予短期补饲。

2. 妊娠期母羊的的饲养管理

妊娠前期即妊娠前 3 个月，所需营养与空怀期基本相同。妊娠后期，此时胎儿生长迅速，这一阶段需要给母羊提供营养充足、全价的饲料。管理上，前期要防止发生早期流产，后期要防止母羊由于意外伤害而发生早产。

3. 哺乳期母羊的饲养管理

一般羔羊的哺乳期为 3 个月左右，哺乳前期约 1.5 个月，母乳是羔羊的主要营养来源。母乳量多、充足，羔羊才能生长发育快，体质好，抗病力强，存活率就高。

如果母羊的哺乳前期处于早春枯草期，放牧条件差，一般都需补饲。

舍内要设羔羊补饲槽

二、公羊的饲养管理

种公羊在生产中除在配种季节进行本交、人工授精完成纯种繁殖任务外，地区在非配种季还进行大规模的冻精生产，以充分利用这一良肉羊品种。对其饲养管理的好坏不仅影响纯繁和杂种后代的品质，也直接影响生产效益。因此在饲养管理上必须细致周到，应单独组群放牧和补饲，避免公、母羊混养，加强种公羊的运动管理，使其体质结实，体况适中，常年保持在中上等膘情。

1. 非配种期的饲养管理

非配种期的种公羊，除放牧采食外，冬春季节每日可补给混合粗料 400 ～ 600 克，胡萝卜或莞根 0.5 千克，干草 3 千克，食盐 5 ～ 10 克，骨粉 5 克。夏秋季节应以放牧为主，不补青粗饲料，每天只补喂精料 500 ～ 800 克，自由饮水。

2. 配种期的饲养管理

羊配种期的饲养又可分为配种准备期（配种前 1 ～ 1.5 个月）、配种期和配种后复壮期（配种后 1 ～ 1.5 个月）三个不同的阶段。配种准备期应逐渐增加种公羊的精料饲喂量，从按配种期 60% ～ 70% 喂量供给开始，逐渐增加至配种期的精料供应。配种期种公羊要加强运动，增加日粮中动物性蛋白质含量。每天的饲料补饲量大致为 ：混合精料 0.8 ～ 1.2 千克，胡萝卜 0.5 ～ 1.0 千克或禾本科、豆科混播牧草 3 ～ 4 千克或青干草 2 千克，食盐 15 ～ 20 克，骨粉 5 ～ 10 克。草料分 2 ～ 3 次饲喂，自由饮水。在配种后复壮期，公羊的饲养水平在 1 ～ 1.5 个月保持与配种期相同，使种公羊能迅速地恢复体重，并根据公羊的体况恢复情况逐渐减少精料，直至过渡到非配种期的饲养标准。加强放牧运动，锻炼种公羊的体质，逐渐适应非配种期的饲养和管理。种公羊的日粮标准见表 3-1，以供参考。

表 3-1 种公羊日粮范例

组成及营养成分	非配种期	配种期	组成及营养成分	非配种期	配种期
禾本科和豆科干草（千克）	1.5	1.7	粗蛋白质（克）	289	440
青贮料（千克）	1.5	-	可消化蛋白质（克）	188	287
大麦、燕麦及其他禾本科籽料（千克）	0.7	1.0	钙（克）	16.1	19.0
豌豆（千克）	-	0.2	磷（克）	7.5	11.4

续表

组成及营养成分	非配种期	配种期	组成及营养成分	非配种期	配种期
向日葵油粕（千克）	–	0.1	镁（克）	6.6	6.9
饲用甜菜（千克）	–	1.0	硫（克）	6.2	8.7
胡萝卜（千克）	–	0.5	铁（毫克）	2013	2364
饲用磷（克）	10	10	铜（毫克）	18.6	23.0
元素硫（克）	1.1	3.5	锌（毫克）	70.0	82.0
食盐（克）	14	18	钴（毫克）	0.53	0.74
硫酸铜（毫克）	50	50	锰（毫克）	216	280
日粮中含：			碘（毫克）	0.75	0.85
饲料单位	2.0	2.4	胡萝卜素（毫克）	55	97
代谢能（兆焦）	22.7	27.0	维生素D（国际单位）	650	960
干物质（千克）	2.3	2.8	维生素E（毫克）	67	78

引自赵有璋《羊生产学》（2002）

三、育成羊的饲养管理

育成羊是指从断奶到第 1 次配种期的幼龄羊。育成羊仍处于快速生长发育期，营养物质需要较多，如果此期营养供应不足，则会出现四肢较高、体狭窄而胸浅、体重小、剪毛量低等问题。应通过加强饲养管理，尽可能的减少断奶对育成羊生长发育的影响。

公、母羊在发育近性成熟时应分群饲养，进入越冬舍饲期，以舍饲为主，放牧为辅。冬羔由于出生早，断奶后正值青草萌发，可以放牧采食青草，有利于秋季抓膘。春羔由于出生晚，断奶后采食青草的时间不长即进入枯草期，这时要提前准备充足的优质青干草和混合精料。

对育成羊要定期称重，检验饲养管理和生长发育情况，可以根据体重大小重新组群，对发育不良、增重效果不明显的育成羊可重新调整日粮配合和饲喂量。

育成羊（绵羊）

育成羊（山羊）

四、羔羊的饲养管理

羔羊的饲养管理是指断奶前的饲养管理，此阶段是羔羊生长发育最重要时期，在饲养管理上应做好以下工作：

1. 加强环境卫生工作

羔羊体质弱、抗病力差、发病率相对较高，因此，搞好圈舍的卫生，减少羔羊接触病原菌的机会，是降低羔羊发病率的重要措施。

2. 人工哺乳

如果由于母羊产后死亡、患乳房炎或产羔多而又找不到合适的保姆羊时，可人工哺乳。人工乳可用鲜牛奶、羊奶、奶粉、豆浆等代替。用奶粉喂羔羊时，应该先用少量温开水把奶粉溶解，然后再加热，防止兑好的奶粉中起疙瘩。用豆浆、米汤、豆面等自制食物喂羔羊时，应添加少量食盐。在现代化养殖场中提倡采用自动哺乳机械进行人工哺乳，为饲养工作带来了很多方便。

3. 及时断尾

一般在羔羊出生后 2 ～ 3 周龄时进行断尾。断尾后用浓度为 2% ～ 3% 的碘酒涂抹伤口进行消毒。断尾后几天内要经常检查，如果发现化脓、流血等情况要及时处理，以防感染。

刚出生的羔羊

4. 及时补饲

母羊的泌乳量在羔羊出生后 4 周左右达到高峰，以后逐渐下降，2 月龄以后，必须进行补饲。一般羔羊生后 15 天左右开始学习采食一些嫩草、树叶或精料。用豆科籽实补饲时要磨碎，最好炒一下，并添加适量食盐和骨粉。补饲多汁饲料时要切成丝状，并与精料混拌后饲喂。羔羊习惯采食草料后，可将青绿饲料或优质青干草放在草架上，任羔羊自由采食。

羔羊学习采食嫩草

5. 羔羊的断奶

羔羊一般为3月龄左右断奶。过早断奶会增大羔羊的死亡率，造成不必要的损失，但断奶时间过晚（超过4月龄），既不利于羔羊的生长发育，也不利于母羊的生产和繁殖。

断奶应根据羔羊生长发育的具体情况，采取不同的断奶方法。常用的有逐渐断奶法、一次性断奶法和分批断奶法。在生产中，为使母羊在同一时间内恢复体力，下次在较集中的时间内发情配种，一般采用一次性断奶，便于集中产羔和羊群的统一管理。

羔羊要适时断奶

断奶后尽量保持羔羊原有的生活环境，饲喂原来的饲料，减少对羔羊的不良刺激而影响生长发育。高品质的蛋白质饲料或优质青干草要占一定比例。断奶后羔羊饲喂青绿饲料时，一定要控制采食量，避免腹泻。

羔羊饮水

不要随意改变羔羊的生活环境

五、育肥羊的饲养管理

羔羊早期生长的特点是生长发育快、胴体组成的增加大于非胴体部分、脂肪沉积少、瘤胃利用精料的能力强等，故此时育肥羔羊既能获得较高屠宰率，又能得到最大的饲料报酬。

1. 早期断奶羔羊全精料育肥技术

(1) 配制育肥用日粮

任何一种谷物类饲料都可用来育肥羔羊，但效果最好的是玉米等高能量饲料。研究证明，破碎谷粒饲料的育肥效果比整粒要差；单独喂某一种谷物饲料不如混合饲料。

(2) 饲喂方式

羔羊自由采食、自由饮水。如发现某些羔羊啃食圈墙时，应在运动场内添设盐槽，槽内放入食盐，加等量的石灰粉，让羔羊自由采食。

(3) 管理技术

第一，羔羊断奶前 15 天实行隔栏补饲 ；第二，可在产羔前给母羊注射或断奶前给羔羊注射疫苗。第三，断奶前补饲的饲料应与断奶后育肥的饲料相同。第四，育肥期一般为 50 ～ 60 天，此间不能断水或断料。

2. 哺乳羔羊育肥技术

3 月龄后挑选体重达到 20 千克（山羊）、25 ～ 27 千克（绵羊）的羔羊出栏上市，活重达不到此标准的留群继续饲养。其目的是利用母羊的全年繁殖，安排秋季和初冬产羔，供节日应时特需的羔羊肉。

(1) 选羊

从羔羊群中挑选体格较大、早熟性好的公羔作为育肥羊。

(2) 饲喂

以舍饲为主，母子同时加强补饲。饲料以谷物粒料为主，搭配适量黄豆饼，配方同早期断奶羔羊。

母子同时加强补饲

羔羊补饲

(3) 出栏

根据品种和育肥强度，确定出栏体重。育肥体重一旦达到要求即可出栏上市。

育肥体重达到要求可出栏上市

3. 断奶后羔羊育肥技术方案

一般地讲，对体重小或体况差的羊只进行适度育肥，对体重大或体况好的进行强度育肥，均可进一步提高经济收益。此方案灵活多样，可视当地牧草状况和羔羊类型选择育肥方式，如强度育肥或一般育肥、放牧育肥或舍饲育肥。

育肥

(1) 预饲期的饲养管理

预饲期大约为 15 天，可分为三个阶段。

①第一阶段 1 ～ 3 天

只喂干草，目的是让羔羊适应新的环境。

②第二阶段 7 ～ 10 天

从第 3 天起逐步用第二阶段日粮更换干草日粮，第 7 天换完喂到第 10 天。

③第三阶段是 10 ～ 14 天。

(2) 正式育肥期的饲养管理

预饲期于第 15 天结束后，转入正式育肥期。此期内应根据育肥计划、当地条件和增重要求，选择日粮类型，并在饲养管理上分别对待。

育肥羊群

第三节 羊肉品质与质量控制

一、羊肉的营养价值及影响羊肉品质的因素

（一）羊肉成分及营养价值

羊肉纤维细嫩，其所含主要氨基酸的种类和数量，能完全满足人体的需要，特别是羔羊肉具有瘦肉多、肌肉纤维细嫩、脂肪少、膻味轻、味美多汁、容易消化等特点，颇受消费者欢迎。我们中华民族的祖先，在远古时代发明的一个字——“羹”，意思是用肉和菜等做成的汤，从字形上来看，还可以这样来解释：即用羔羊肉做的汤是最鲜美的。冬春季节，我国北方几乎所有的大中城市，都有香味扑鼻、味美可口的高档食品——涮羊肉出售，而北京“东来顺饭庄”的涮羊肉更是驰名中外。涮羊肉的主要原料是羔羊肉。现代涮羊肉的调制家也确认羔羊肉肥瘦相宜，色纹美观，到火锅中一涮即刻打卷，味道鲜美，肉质细嫩，为成年羊肉所不及。可见，古往今来，羔羊肉一直受到我们民族的青睐。在国外，许多国家大羊肉和羔羊肉的产量不断变化，羔羊肉所占的比例增长较快，甚至有不少国家羔羊肉的产量远远超过成年羊肉。生产羔羊肉成本低，产品率和劳动生产率也比较高，羔羊肉售价又高，因而经营有利，发展迅速。如美国，现在的羔羊肉产量占全部羊肉总产量的70%，新西兰占80%，法国占75%，英国占94%。

当前，除信奉伊斯兰教的民族以牛肉、羊肉为主外，许多国家的消费者也趋向于取食牛羊肉，目的是减少动物性脂肪的取食量，以避免人体摄入过多的胆固醇，减少心血管系统疾病的威胁。羊肉中的胆固醇含量在日常生活食用的若干种肉类中是比较低的。如每100克可食瘦肉中的胆固醇含量：羊肉为65毫克，牛肉为63毫克，猪肉为77毫克，鸭肉为80毫克，兔肉为83毫克，鸡肉为117毫克（表3-2）。

表3-2 几种主要肉类的化学成分及产热量的比较

化学成分	牛　肉	猪　肉	羊　肉
水（%）	55～60	49～58	48～65
蛋白质（%）	16.1～19.5	13.5～16.4	12.8～18.6
脂肪（%）	11～28	25～37	16～37
热值（兆焦/千克）	31.4～56.1	52.7～68.2	36.8～66.9
矿物质（毫克/100克）			
钙	20.0	28.0	45.0
磷	172.0	124.0	202.0
铁	12.0	9.0	20.0

上表指出：在蛋白质含量方面，羊肉比牛肉低，比猪肉高；在脂肪含量和产热方面超过牛肉而不及猪肉；羊肉含有丰富的钙、磷、铁，在铜和锌的含量方面，也显著地超过其他肉类。

（二）影响羊肉品质的因素

1. 年龄和体重

家畜随着年龄的增长，体重不断增加一直到成年。因此，年龄和体重这两个因素有密切的关系。不同品种绵羊、山羊的年龄和体重的变异范围很大。绵羊胴体中脂肪的比例通常是随着体重的增加而增加的。

羊肉的嫩度受年龄的影响很大，但从羔羊到周岁年龄内变化不是很大。因此，随着年龄增长，肌肉组织中脂肪减少，肌纤维显著变硬而降低胴体品质。如果绵羊胴体在屠宰以后进行处理，例如在僵死前迅速冷冻或早期冷冻，可以避免羊肉变老。经过这样处理后的羔羊肉，周岁羊肉或较大年龄的母羊均可用来烤羊肉。不同年龄的羊肉之间的嫩度有明显差异，年龄较大的绵羊肉嫩度就差一些。

皮下脂肪薄的胴体比脂肪覆盖厚的胴体在冷冻以后羊肉容易变老。

家畜屠宰放血后，通电进行电刺激，可增加肉的嫩度。

2. 营养和饲料

营养问题实际上是由于饲料和气候所决定的，在比较同龄羊时，营养水平和日粮成分可以使胴体成分差异很大。但是胴体重相同的个体受营养水平和日粮成分影响不大。有人认为相同品种和性别相同的个体胴体组成决定于体重，实际上是决定于营养状况。改变饲料成分，在饲料中适当增加蛋白质，就能增加体内脂肪的沉积量，改善肉的品质。

因此，营养对胴体品质的影响，主要是日粮的营养水平、饲喂量及次数和羊的发育阶段等因素的相互作用的结果。

采食特殊牧草可以改变绵羊肉的味道，有些试验已经证明某些羔羊肉的味道是和芳香族的野生牧草有关。我国不少地区的羊肉膻味很小，可能也和某些牧草有关。例如滩羊肉可能与贺兰山的药草有关，但没有得到试验的证实。国外有些试验证明，白三叶、苜蓿、油菜、燕麦等会影响羊肉的味道。吃了有气味的饲草以后 7 ～ 14 天，再喂不带气味的饲草，气味可以消除。

3. 品种

不同品种之间羊肉适口性没有明显差异。但细毛羊的胴体比半细毛羊或粗毛品种的嫩度稍差。细毛羊的肉膻味较大。我国一般不是按传统习惯方式用淘汰老残母羊或羯羊来生产羊肉。很少直接用公羊育肥来生产羊肉。在国外有不少国家，对以产肉为目的公羊一般还是采取阉割后育肥的传统方法。

肉品香味：公羊肉柔软，嫩度比阉羊小，相同年龄的公羊和阉羊肉的芳香性没有差别，食用特性也无差异。其肉的多汁性和肉味差别很小。

就消费者来说对羊肉的评价，主要是从肉的嫩度和味道的浓度考虑较多。

4. 肥度

肉用品种羊或经过育肥后的羊胴体中，脂肪掺入肋骨的瘦肉内，在体侧肌肉内、臀部、腰部肌肉上有条纹状脂肪，这种胴体比脂肪少的胴体品质好。此外，胴体上还覆盖一层脂肪，这层脂肪对屠宰以后的冷冻，起着隔离层的作用，可以减少羊肉老化，并能保持一定温度，有助于酶的作用。

二、肉羊制品与质量监控

（一）肉制品加工

1. 羊肉的冷藏

羊热鲜肉的的温度在38℃左右，须尽快降温，及时冷藏。鲜肉的合理冷藏条件是 ：冷库温度不应高于 -15℃，以保证 -18℃的稳定温度为好。库内温度升降幅度一般不宜超过 ±1℃，在大批量进出货时，昼夜升温不宜超过4℃，库内相对湿度以80% ～ 90% 为宜。空气流速采取自然对流。

长期冷藏的羊肉应堆成方形堆，下面用不通风的木板衬垫，使肉距地面30厘米以上，堆高为2.5 ～ 3.0米。肉堆与墙壁、天花板之间保持30 ～ 40厘米的距离。距冷却排气管40 ～ 50厘米,肉堆间距离应保持在15厘米左右。为了减少干耗,肉堆四周可用防水布遮盖，定期用预冷至1 ～ 3℃的清洁饮用水喷洒于遮布上，连续进行2 ～ 3次，使冰层厚度达到1 ～ 1.5毫米为止。

我国目前研究生产的羊肉制品除一些腌制品外，大部分都是经高温蒸煮、熏烤、烘干等工艺生产的产品。

2. 腌腊制品

是指以新鲜羊肉为原料，配以各种辅料，经过腌渍，晾晒过程而得的产品。

它具有色泽金黄光润，香味浓郁，肥而不腻，耐久藏等特点，这种羊肉属低温制品，很有发展前途。

3. 酱卤制品

是指以新鲜羊肉为原料，在加入配料的汤中煮制而成的肉制品，其产品具有酥软多汁的特点。由于传统酱卤制品的酥软多汁的特点只适用于就地生产、销售，不宜久藏和运输，因此，目前随着肉类现代加工技术的发展，厂商多采用软包装技术，即将煮制七八成熟的酱卤制品根据消费者的要求，进行质量不等的真空包装，大大延长保质期，又方便了运输和食用。

4. 干制品

是指以新鲜的纯精羊瘦肉为原料，经高温煮透，脱水加工而成的产品，主要产品类型有肉松、肉干和肉脯。产品具有独特风味，食用方便，易携带，且保质期长的特点。

生产羊肉干制品，尤其肉脯的加工，由于对原料肉要求太苛刻，使整羊的利用率低，加大了产品的成本。目前，已有科研人员将传统肉脯加工工艺只使用臀部纯精瘦肉的选料原则，改为利用全身瘦肉，经绞碎、斩拌、拌馅、铺片、定型和熟制过程，使肉的利用率及经济效益大幅度提高，初步实现了传统产品工业化生产的要求。

5. 软包装快餐全羊

软包装快餐全羊的技术原理是：将羊肉剔除筋膜、肥脂后同羊肝、心脏、肾及羊骨同煮，至断血后捞出，分别切片，羊骨继续煮至酥烂，汤呈乳白色，将羊骨捞出烘干粉碎成粉末状，将煮羊骨的汤过滤，加调味品并适量加明胶，使之冷却后凝成块状，然后将羊肉、羊肝、心、肚、肾、肺及生羊血按一定比例称量好后装入铝箔袋中，再将适量羊骨冻块装入上述袋中，真空包装后送入高温高压杀菌锅中，经 15 ～ 30 分钟杀菌后迅速冷却至室温即可。

6. 羊副产品

山西农业大学科研人员开发的羊副产品的加工工艺，将羊下脚料处理后，经腌渍、煮制、真空包装、高温高压杀菌等工艺，生产出风味独特的羊蹄、羊舌、羊耳、层层碎羊头肉、明眼羊肝等。还将羊油经脱膻和乳化处理，生产各种风味油茶。

（二）肉品加工中的危害分析及关键点控制

1. 生产羊肉污染来源

生产羊肉污染来自于以下几个方面：

(1) 饲养环境，包括养殖场空气、饮水、土壤等。

(2) 羊只本身的健康因素。

(3) 饲草料及饲料添加剂因素。

(4) 兽药使用及停药期。

(5) 饲养过程。

(6) 排泄物及病畜污染。

(7) 活畜运输过程中污染。

(8) 羊只屠宰加工过程中污染。

(9) 羊肉贮存、运输、销售过程中的污染。

2. 为了保证生产无公害羊肉及其制品肉羊原料来源符合无公害食品的有关要求，羊场环境要求

(1) 羊场环境与工艺

羊场环境要符合《无公害食品产地环境质量标准》的规定。场址用地应符合当地土地利用规划的要求，根据《无公害食品产地环境质量标准》和《畜禽场环境质量标准》设计建造肉羊舍饲养殖场。羊场应建在地势干燥、排风良好、通风、易于防疫的地方。

(2) 按羊只年龄、性别、生长阶段设计羊舍，实行分段饲养，集中育肥的饲养工艺。按饲养规范饲喂，不堆槽，不空槽，不喂发霉变质和冰冻的饲料。应捡出饲料中的异物，保持饲槽清洁卫生。

(3) 羊舍设计能保温隔热，地面和墙壁应便于消毒。

3. 羊只引进和购入要求

(1) 依照《种畜禽调运检疫技术规范》和《畜禽产地检疫规范》调运种羊并开展产地检疫。

(2) 应作临床检查和实验室检疫的疫病：口蹄疫、布氏秆菌病、蓝舌病、山羊关节炎、脑炎、绵羊梅迪维斯纳病、羊痘、螨病。

(3) 购入羊要在隔离场（区）观察不少于 15 天，经兽医检查确定为健康后，方可转入生产群。

4. 肉羊饲养要求

(1) 饲料和饲料添加剂。

饲料和饲料原料应符合《无公害食品 畜禽饲料和饲料添加剂使用准则》。主要饲草为苜蓿、作物秸秆、青贮玉米、胡萝卜；精料原料为玉米、油饼、麸皮；主要饲料添加剂为食盐、磷酸氢钙。饲草料生产过程严格按照无公害食品有关规定执行。

(2) 不应在羊体内埋植或者在饲料中填加镇静剂、激素类等违禁药物。

(3) 商品羊使用含有抗生素的添加剂时，应按照《饲料和饲料添加剂管理条例》执行休药期。

(4) 饮水。

① 水质符合《无公害食品产地环境质量标准》畜禽养殖用水要求。饮用水水质标准：感官性状及一般化学指标要求色度不超过 30°，浑浊度不超过 20°，不得有异臭、异味，不得含有肉眼可见物。以 $CaCO_3$ 计总硬度每升不超过 1 500 毫克，酸碱度（pH 值）在 5.5 ～ 9 之间。溶解性总固体每升不得超过 4 000 毫克，以氯离子计氯化物每升不得超过 1 000 毫克。以硫酸根离子计硫酸盐每升不得超过 500 毫克。

② 细菌学指标主要是大肠杆菌，总大肠菌群：成年羊 100 毫升不得超过 10 个，后备羊不得超过 1 个。

③ 毒理学指标：以氟离子计氟化物每升不得超过 2 毫克；氰化物每升不得超过 0.2 毫克；总砷每升不得超过 0.2 毫克；总汞每升不得超过 0.01 毫克；铅每升不得超过 0.1 毫克；六价铬每升不得超过 0.1 毫克；镉每升不得超过 0.05 毫克；以氮计硝酸盐每升不得超过 30 毫克。

④ 每只羊日饮水 9 ～ 14 升。羊喝水有早晨和下午两个高峰期，集中供水时可将需要量分为两等份分别在早晨和下午各半小时供给。

⑤ 在饮水前将水槽清洗干净，每周消毒饮水设备。

⑥ 饮用水中农药含量：畜禽饮用水中农药限量为每升水中：马拉硫磷不得超过 0.25 毫克；内吸磷不得超过 0.03 毫克；甲基对硫磷不得超过 0.02 毫克；对硫磷不得超过 0.003 毫克；乐果不得超过 0.08 毫克；林丹不得超过 0.004 毫克；百菌清不得超过 0.01 毫克；甲萘威不得超过 0.05 毫克。

5. 有毒有害气体含量规定

氨气每立方米不超过 20 毫克，硫化氢不超过 8 毫克，二氧化碳不超过 1 500 毫克，可吸入颗粒物（PM10，即空气动力学当量直径≤ 10 微米的物质）不超过 2 毫克，总悬浮颗粒物（TSP，即空气动力学当量直径≤ 100 微米的物质）不超过 4 毫克，恶臭稀释倍数不超过 70。

6. 疫苗使用

（1）羊群的防疫符合防疫规程的规定。

（2）防疫器械在防疫前应彻底消毒。

7. 兽药使用

（1）治疗使用药剂时，应符合《无公害食品兽药使用准则》的规定。

（2）肉羊育肥后期使用药物治疗时，应根据使用药物执行休药期。达不到休药期的，羊肉不应上市。

（3）发生疾病的种羊在使用药物治疗时，在治疗期或达不到休药期的不应作为食用羊出售。

8. 卫生消毒

（1）消毒剂

选用的消毒剂符合《无公害食品兽药使用准则》的规定。标准规定，要定期对饲喂用具、料槽和饲料车等进行消毒，可用 0.1% 新洁尔灭或 0.2% ～ 0.5% 过氧乙酸消毒

（2）消毒方法

① 喷雾消毒

用规定浓度的次氯酸盐、有机碘混合物、过氧乙酸、新洁尔灭、酶酚等进行羊舍消毒、带羊环境消毒、羊场道路和周围以及进入场区的车辆消毒。

② 浸液消毒

用规定浓度的新洁尔灭、有机碘混合物或酶酚的水溶液，洗手、洗工作服或胶靴进行消毒。

③ 紫外线消毒

人员入口处设紫外线灯照射至少 5 分钟。

④ 喷洒消毒

在羊舍周围、入口、产房和羊床下面撒生石灰或火碱液进行消毒。

⑤ 火焰消毒

用喷灯对羊只经常出入的地方，产房、培育舍，每年进行 1 ～ 2 次火焰瞬间喷射消毒。

⑥ 熏蒸消毒

用甲醛等对饲喂用具和器械在密闭的室内或容器内进行熏蒸消毒。

（3）消毒制度

① 环境消毒

羊舍周围环境定期用 2% 的火碱或撒生石灰消毒。羊场周围及场内污染地、排粪坑、下水道出口，每月用漂白粉消毒 1 次。在羊场、羊舍入口设消毒池并定期更换消毒液。

② 人员消毒

工作人员进入生产区净道和羊舍，要更换工作服、工作鞋，并经紫外线照射 5 分钟进行消毒。外来人员必须进入生产区时，应更换场内工作服、工作鞋，并经紫外线照射 5 分

钟进行消毒，并遵守场内防疫制度，按指定路线行走。

③ 羊舍消毒

每批羊只出栏后，要彻底清扫羊舍，采用喷雾、火焰、熏蒸消毒。

④ 用具消毒

定期对分娩栏、补料槽、饲料车、料桶等饲养用具进行消毒。

⑤ 带羊消毒

定期进行带羊消毒，减少环境中的病原微生物。

9. 管理

（1）日常管理

① 羊场工作人员每年进行健康检查，患有下列病症之一者不得从事饲草、饲料收购、加工、饲养工作；

a 痢疾、伤寒、弯杆菌病、病毒性肝炎等消化道传染病（包括病原携带者）；

b 活动性肺结核、布氏杆菌病；

c 化脓性或渗出性皮肤病；

d 其他有碍食品卫生、人畜共患的疾病。

② 场内兽医人员不能对外诊疗羊及其他动物的疾病，羊场配种人员不能对外开展羊的配种工作。

③ 防止周围其他动物进入场区。

（2）羊只管理

① 选择高效、安全的抗寄生虫药，每年春秋两季对羊只进行驱虫、药浴，控制程序符合《无公害食品兽药使用准则》和《肉羊饲养兽药使用准则》的要求。

② 对成年公羊、母羊每季节进行浴蹄和修蹄。

③ 场内兽医每日早晚观察羊群健康状态，饲养人员经常观察，发现异常及时处理。

（3）饲喂管理

① 不喂发霉和变质的饲料、饲草。

② 育肥羊按照饲养工艺转群时，按性别、体重大小分群进行饲养。群体大小、饲养密度要适宜。

③ 每天打扫羊舍卫生，保持料槽、水槽用具干净，地面清洁。使用垫草时，要每日更换，保持卫生清洁。

（4）灭鼠、灭蚊蝇

① 定期定点投放灭鼠药，及时收集死鼠和残余鼠药，并做深埋处理。

② 消除水坑等蚊蝇孳生地，夏季定期喷洒消毒药物。

10. 运输

① 商品羊运输前，要经动物防疫监督机构根据《畜禽产地检疫规范》及国家有关规定进行检疫，并出具检疫证明。

② 运输车辆在运输前、后要用消毒液彻底消毒。

③ 运输途中，不许在城镇和集市停留、饮水和饲喂。

第四节 饲料原料与加工调制

一、饲料原料种类

（一）肉羊常用饲料种类

1. 青绿饲料

主要包括天然牧草、农作物秸秆、树叶及林产类、叶菜、瓜果类、根茎类。

青饲料

2. 粗饲料

主要包括干草、纤维性农副产品（秸秆、秕壳类等）和林业产品（枯枝、树叶）三大类。

玉米秸秆

干草捆

干草卷

3. 青贮饲料

青贮饲料指由新鲜的天然植物性饲料，或者是在新鲜的植物性饲料中加各种辅料、防腐剂及其他青贮添加剂后，在厌氧环境下，当乳酸累积到一定浓度而使青贮物中的pH值下降到3.8～4.2时，可抑制其他有害微生物（如腐败菌、霉菌等）的繁殖，达到长期保存青绿饲料的目的。

青贮过程

青贮料粉碎

人工操作

玉米青贮

4. 能量饲料

干物质中粗纤维含量小于18%或细胞壁含量小于35%，同时粗蛋白含量大于20%的谷实类、糠麸类、淀粉质的块根块茎类、糟渣类均属能量饲料。

玉米棒

燕麦

红薯

5. 蛋白质饲料

干物质中粗纤维含量小于18%，同时粗蛋白含量在20%以上的饲料，均属蛋白质饲料。

植物性蛋白质饲料

主要指饼粕类。

饼粕类

动物性蛋白质饲料

主要指用作饲料的水产品、畜禽加工副产品及乳工业的副产品等。

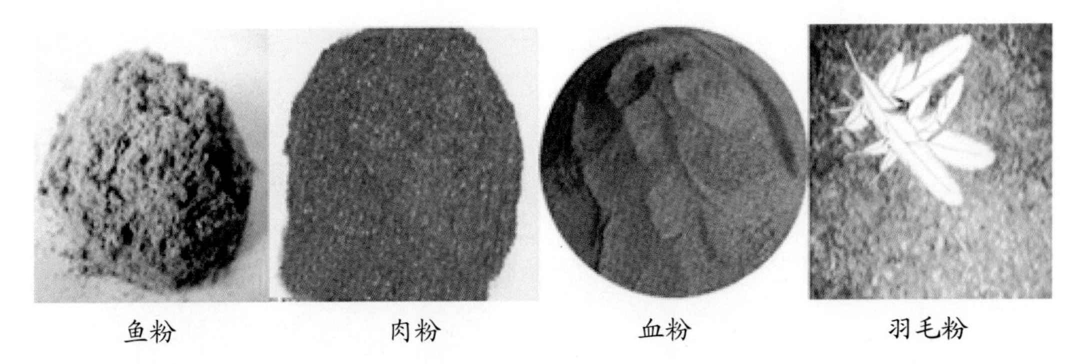

鱼粉　　肉粉　　血粉　　羽毛粉

非蛋白氮饲料

主要是指蛋白质之外的其他含氮物，如尿素、双缩脲、硫酸铵、磷酸氢二铵等。

非蛋白氮的营养特性：第一，粗蛋白含量高；第二，味苦，适口性差；第三，不含能量，在使用中应注意补加能量物质；第四，缺乏矿物元素，特别要注意补充硫、磷。

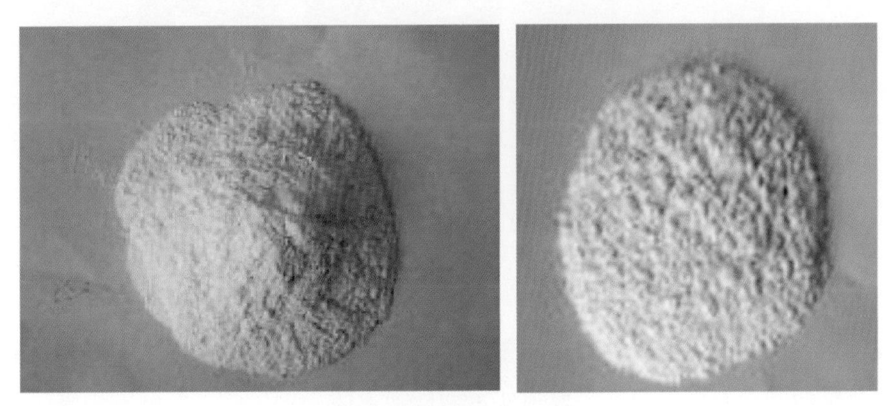

反刍动物非蛋白饲料

单细胞蛋白质

是利用糖、氮、烃类等物质，通过工业方式，培养能利用这些物质的细菌、酵母等微生物制成的蛋白质。

6. 多汁饲料

多汁饲料包括块根、块茎及瓜类等饲料，其特点是水分含量高；干物质中富含淀粉和糖，纤维素含量低；粗蛋白质含量低，只有 1% ～ 2%；矿物质含量不一致；维生素含量因种类不同而差别很大，胡萝卜中含有丰富的维生素尤以含胡萝卜素最多，甜菜中仅含维生素 C。

多汁饲料

7. 矿物质饲料

凡天然可供饲用的矿物、动物性加工副产品和矿物盐类均属矿物质饲料。

微量元素盐砖是补充反刍动物微量元素的简易方法。饲料砖一般有矿物质盐砖、精料补充料砖和驱虫药砖。可放于羊舍或饲槽内供羊自由舔食，但要防雨水浸泡。

牛羊用盐砖

羊在舔砖

8. 维生素饲料

指工业提取的或人工合成的饲用维生素。

羊的瘤胃微生物可以合成维生素 K 和 B 族维生素，肝、肾中可合成维生素 C，一般除羔羊外，不需额外添加。

9. 饲料添加剂

指为补充饲料中所含养分的不足，平衡动物饲粮，以满足动物营养，而向饲料中添加的少量或微量可食物质称为饲料添加剂。

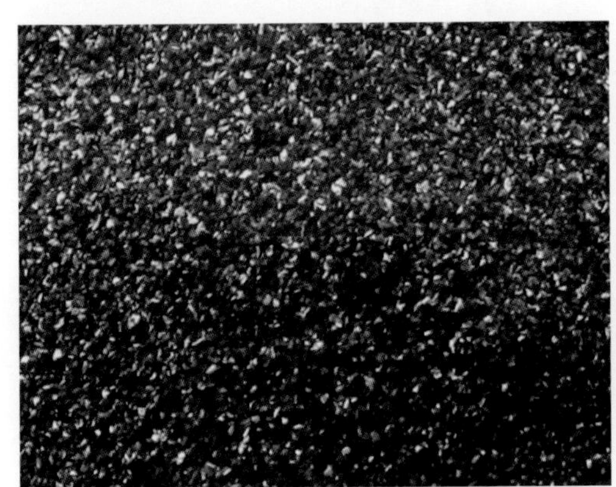

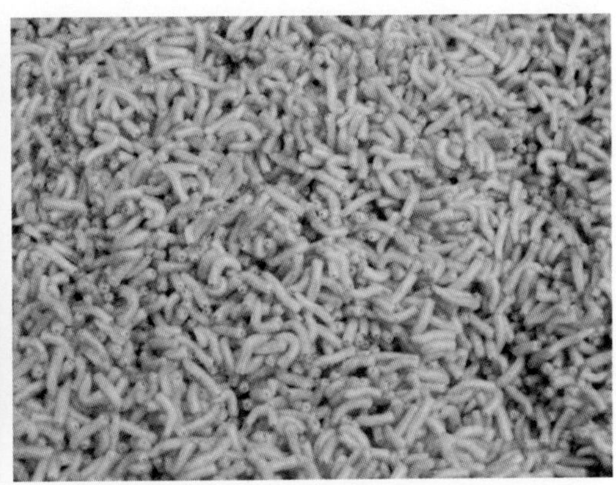

饲料添加剂

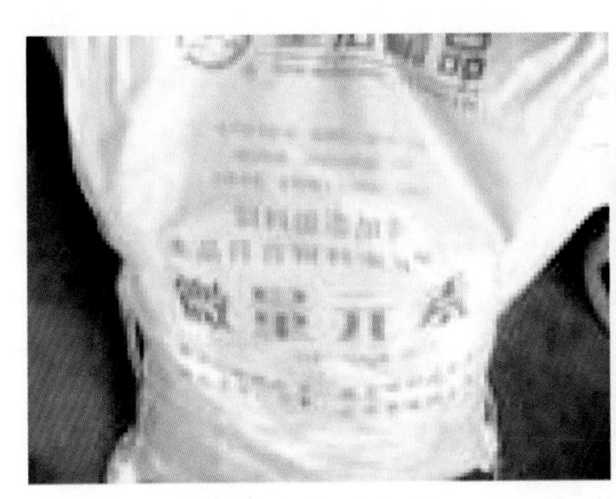

微量元素添加剂

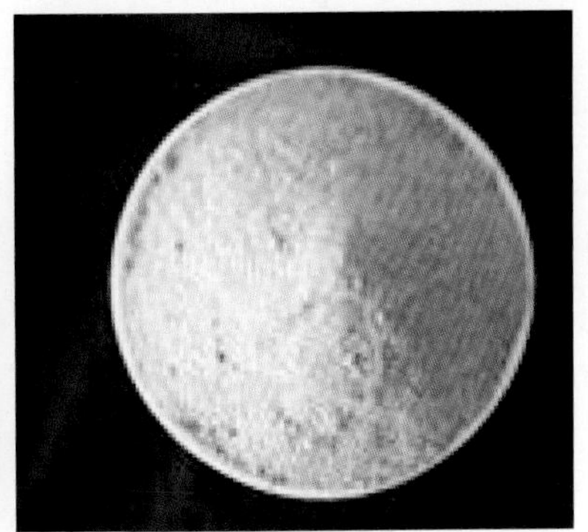

羊饲料添加剂

（二）优质牧草

1. 紫花苜蓿

也叫紫苜蓿、苜蓿。紫花苜蓿素以“牧草之王”著称，不仅产草量高、草质优良，富含粗蛋白质、维生素和无机盐，而且蛋白质中氨基酸比较齐全，适口性好，可青饲、青贮或晒制干草。

苜蓿

紫花苜蓿

2. 白三叶和红三叶

白三叶也叫白车轴草。白三叶营养丰富，饲养价值高，粗纤维含量低。牛、羊喜食，是优质高产肉羊的牧地饲草。

红三叶为豆科三叶草属多年生草本植物。一般寿命 2 ～ 4 年。直根系，茎自根茎生出，圆形，中空，直立或斜生，高 50 ～ 140 厘米。托叶大，先端尖锐，膜质，有紫色脉纹。三出复叶，小叶卵形或椭圆形。茎叶有茸毛。头形总状花序，生于茎枝顶端或叶腋处，每个花序有小花 50 ～ 100 朵，花色红。荚果小，每荚有种子 1 粒。种子肾形或椭圆形，棕黄色或紫色。

白三叶

三叶草　　　　红三叶

3. 白花草木樨

白花草木樨为两年生草本植物，根系发达，茎直立。三出复叶，小叶椭圆形或倒卵形，边缘有锯齿。营养期干物质中含粗蛋白质22%，与苜蓿相近，但因其含有香豆素，适口性较差，牲畜不喜食，可与禾本科草混合饲喂。

白花草木樨

4. 沙打旺

沙打旺营养价值高，干物质中含粗蛋白质高，还有丰富的必需氨基酸。是牛、羊优质饲草。放牧、制干草、青贮后，各种牲畜都喜食。

沙打旺

沙打旺

5. 紫云英

紫云英又叫红花草。紫云英茎叶柔嫩，适口性好，可青饲、青贮、调制干草粉，与其他精料搭配加工紫云英草粉，饲喂肉羊效果好。

紫云英

6. 苕子

苕子又叫巢菜。苕子叶柔软，据测定普通苕子干物质中含粗蛋白质 14.94%，氨基酸和维生素含量也较为丰富，是肉羊的优质饲草。

苕子

（三）禾本科饲草

1. 青贮玉米

100 千克玉米青贮饲料，相当于 20 千克精饲料的价值。在较好的栽培条件下，每 667 平方米青贮玉米，可供一头奶牛或 8 ～ 10 只羊食用。

做青贮用的玉米，于蜡熟期与秸秆一块进行收割、粉碎、青贮，当日收割，当日青贮，以保证青贮质量。

收割玉米秸秆

青贮用玉米

2. 苏丹草

苏丹草营养价值较高，适口性好，干物质中含粗蛋白质 15.3%，开花后茎秆变硬，质量下降。苏丹草可刈割青贮，也可调制优质干草。

苏丹草

3. 青燕麦

青燕麦香甜可口，幼嫩期，各种畜禽都喜食。饲喂青刈燕麦可为畜、禽提供早春饲料。

燕麦青贮饲料质地柔软，气味芳香，是肉牛、肉羊的优良精饲料。做干草的燕麦，有收获种子以后的干草，也有与豆科牧草混播供调制干草用的燕麦干草，后者营养高，质量好。

青燕麦

4. 象草

象草主要用于刈割和青贮，柔软多汁，适口性良好，利用率高，是肉羊的好饲草。

象草

5. 杂交狼尾草

杂交狼尾草茎叶柔嫩，适口性好，营养价值较高，用做肉羊的青饲料，除青刈外，也可以晒制干草或调制青贮料。供草期 6 ～ 10 月。

杂交狼尾草

（四）其他科饲草

1. 串叶松香草

串叶松香草莲座叶丛期干物质中含粗蛋白质 22%，且富含维生素，可青刈切碎，也可与燕麦、苏丹草、青饲玉米等混合青贮。

串叶松香草

串叶松香草

2. 苋菜

苋菜叶片柔软，茎秆脆嫩，粗纤维含量低，气味纯正，适口性好，营养价值高，尤其赖氨酸含量较高，加入配合饲料中可代替部分豆饼或鱼粉，收获种子后的秸秆可制成草粉，也可制成青贮料。

苋菜

苋菜

（五）块根块茎类作物

1. 饲用甜菜

甜菜

甜菜叶

甜菜根

饲用甜菜是一种很有价值的多汁饲料，富含糖分、矿物质以及动物生长必需的多种维生素。其根、叶中粗纤维含量低、消化率高、适口性好。饲用甜菜的饲喂方式包括切碎生喂、煮熟后喂、打浆饲喂等几种。

2. 胡萝卜

胡萝卜是营养非常丰富的蔬菜作物和多汁饲料，种植和管理都非常简便。产量高，块根中含有丰富的胡萝卜素和其他维生素。

胡萝卜

3. 饲用芜菁

饲用芜菁是十字花科的甘蓝，属两年生植物，根叶均可作饲料。芜菁味美汁多，适口性好，是各类家畜的优质饲料。饲用芜菁的叶略带苦味，故喂量应由少到多，逐渐增加或掺入其他饲料。

芜菁

二、饲料加工

（一）干草的制作和储藏

羊的饲料以饲草为主。饲喂时只要无泥土和污物，就可直接饲喂，但冬、春季节青草较为缺乏，特别是北方地区更为突出。所以，青干草的调制就显得更为重要。国外许多畜牧业发达的国家十分重视青干草生产，绝大多数国家采用人工干燥方法来调制和贮备青干草，成为发展养羊业的重要措施之一。

1. 青干草的特点

（1）养分保存好

品质优良的青干草，色绿芳香，富含胡萝卜素，保留较多的叶片，质地柔软。据研究，人工干燥法制成的青干草，营养价值高，可提供一定的净能，满足肉羊的营养需要。

（2）适口性好，消化率高

优质青干草经合理贮藏、堆积发酵后发出芳香草味，适口性好，肉羊爱吃。

（3）使用方便

良好的青干草管理得当可贮藏多年。特别是我国北方地区，冬、春季节长，气候寒冷，作物生长期短，青绿饲料生产受到限制。青干草可常年使用，取用方便。

2. 调制方法

（1）自然干燥法

这种办法不需要特殊的设备，尽管在很大程度上受天气条件的限制，但仍为我国目前采用的主要干燥方法。自然干燥又可分为地面干燥法和草架干燥法。

草架干燥时将牧草自上而下地置于干草架上，并有一定的斜度以利采光和排水。

（2）人工干燥法

这种方法在近六七十年来发展迅速，利用人工干燥可以减少牧草自然干燥过程中营养物质的损失，使牧草保持较高的营养价值。人工干燥主要有常温鼓风干燥法和高温快速干燥法。

3. 干草的贮藏

干燥适度的干草，必须尽快采取正确而可靠的方法进行贮藏，才能减少营养物质的损失和其他浪费。如果贮存不当，会造成干草的发霉变质，降低干草的饲用价值，完全失去干草调制的目的。而且贮藏不当还会引起火灾。

（1）散干草的堆藏

当调制的干草水分含量达 15% ～ 18% 时即可贮藏。干草体积大，多采用露天堆垛的贮藏方法，垛成圆形或长方形草垛，草垛大小视产草量的多少而定。垛草时要一层一层地进行，并要压紧各层，特别是草垛的中部和顶部。

干草粉

（2）干草捆的贮藏

干草捆的贮藏

干草捆体积小，重量大，便于运输，也便于贮藏。干草捆的贮藏可以露天堆垛或贮存在草棚中，草垛大小以草量大小而定。

简单的干草棚只设支柱和顶棚，四周无墙，成本低，干草应贮存在畜舍附近，这样取运方便。贮草场周围应设置围栏或围墙。

干草棚

待运输的干草捆

（二）精饲料的加工、调制

1. 粉碎与压扁

精饲料最常用的加工方法是粉碎。粗粉与细粉相比，粗粉可提高适口性，提高羊唾液分泌量，增加反刍，所以不宜粉碎过细，稍加破碎即可。由于压扁饲料中的淀粉经加热糊化，用于饲喂羊消化率明显提高。

饲料粉碎机

2. 颗粒化

将饲料粉碎后，根据肉羊的营养需要，进行搭配并混匀用颗粒机制成颗粒形状。饲喂方便，便于机械化操作，适口性好，咀嚼时间长，并减少饲料浪费。

颗粒饲料

3. 浸泡

豆类、油饼类、谷物等饲料经浸泡，吸收水分，膨胀柔软，容易咀嚼，便于消化。如豆饼、棉籽饼等相当坚硬，不经浸泡很难嚼碎。有些饲料中含有单宁、棉酚等有毒物质，并带有异味，浸泡后毒素、异味均可减轻，从而提高适口性。

（三）青贮的制作

1. 玉米青贮

青贮玉米饲料是指专门用于青贮的玉米品种，在蜡熟期收割，茎、叶、果穗一起切碎调制的青贮饲料。这种青贮饲料营养价值高，每千克相当于 0.4 千克优质干草。其特点是适口性强 ：含糖量高，制成的优质青贮饲料，具有酸甜、青香味，且酸度适中 (pH=4.2)，家畜习惯采食后都很喜食。尤其反刍家畜中的牛和羊。

玉米在蜡熟期收割

茎、叶、果穗一起切碎

堆放青贮料

2. 玉米秸青贮饲料

玉米籽实成熟后先将籽实收获，秸秆进行青贮的饲料，称为玉米秸青贮饲料。在华北、华中地区，玉米收获后，叶片仍保持绿色，茎叶水分含量较高，但在东北、内蒙古及西北地区，玉米多为晚熟型杂交种，多数是在降霜前后才能成熟。由于秋收与青贮同时进行，人力、运输力矛盾突出，青贮工作经常被推迟到 10 月中下旬，此时秸秆干枯，若要调制青贮饲料，必须添加大量清水，而加水量又不易掌握，且难以和切碎秸秆拌匀。水分多时，易形成醋酸或酪酸发酵；而水分不足时，易形成好氧高温发酵而霉烂。因此青贮玉米秸时间最关键。

收籽后秸秆青贮过程

秸秆青贮料

3. 牧草青贮

牧草不仅可调制干草，而且也可以制作成青贮饲料。在长江流域及以南地区，北方地区的 6 ～ 8 月雨季，可以将一些多年生牧草如苜蓿、草木樨、红豆草、沙打旺、白三叶、冰草、老芒麦、披碱草等调制成青贮饲料。豆科牧草不宜单独青贮 ：豆科牧草蛋白质含量较高而糖分含量较低，满足不了乳酸菌对糖分的需要，单独青贮时容易腐烂变质。禾本科牧草与豆科牧草混合青贮比较好，禾本科牧草有些水分含量偏低（如披碱草、老芒麦）而糖分含量稍高 ；而豆科牧草水分含量稍高（如苜蓿、三叶草），二者进行混合青贮，优劣可以互补，营养又能平衡。

天然牧草

禾本科牧草与豆科牧草混合青贮效果好

4. 秧蔓、叶菜类青贮

这类青贮原料主要有甘薯秧、花生秧、瓜秧、甜菜叶、甘蓝叶、白菜等，其中花生秧、瓜秧含水量较低，其他几种含水量较高。青贮时此类原料多数柔软蓬松，填装原料时，应尽量踩踏；封窖时窖顶覆盖泥土，以 20 ～ 30 厘米厚度为宜，若覆土过厚，压力过大，青贮饲料则会下沉较多，原料中的汁液被挤出，造成营养损失。

5. 混合青贮

所谓混合青贮，是指两种或两种以上青贮原料混合在一起制作的青贮。混合青贮的优点是营养成分含量丰富，有利于乳酸菌的繁殖生长，提高青贮质量。混合青贮的种类及其特点如下：

多为禾本科与豆科牧草混合青贮；

高水分青贮原料与干饲料混合青贮；糟渣饲料与干饲料混合青贮：食品和轻工业生产的副产品如甜菜渣、啤酒糟、淀粉渣、豆腐渣、酱油渣等糟渣饲料有较高的营养价值，可与适量的糠麸、草粉、秸秆粉等干饲料混合贮存。

6. 半干青贮（低水分青贮）

半干青贮是指原料含水率在 45% ～ 50% 时，半风干的植物对腐败菌、酪酸菌及乳酸菌造成生理干燥状态，使其生长繁殖受到限制。因此，在青贮过程中，微生物发酵微弱，蛋白质不被分解，有机酸形成数量少。优质的半干青贮呈湿润状态，深绿色，有清香味，结构完好。

第五节　肉羊日粮配合

一、日粮配合原则

1. 以饲养标准为依据，满足营养需要

配合日粮首先要了解各品种肉羊在不同生长发育阶段、不同生理状况下的饲养标准，按饲养标准中所规定的养分需要配合日粮，以保证日粮营养的全价，满足肉羊生长与育肥的需要。一套饲养标准包括两部分，一是营养需要表，二是常用饲料成分和营养价值表。在配合日粮时，应在饲养标准的基础上，根据当地的气候条件、羊群的饲养方式酌情增减。

2. 考虑日粮的成本

在肉羊生产中，饲料费用占成本的 2/3 以上，降低饲料成本，对提高养羊业的经济效益至关重要。在所有的家畜中，羊能利用的饲料资源最为丰富，因此，在配合肉羊的日粮时，要充分利用农作物秸秆、杂草等粗饲料，尿素等非蛋白氮，以降低饲料成本。同时，积极应用科研成果，选用质优价廉的原料，运用计算机配合最低成本日粮，以实现肉羊生产优质、高产、高效益的目标。

3. 注意日粮的适口性

饲料的适口性直接影响羊的采食量。羊对有异味的饲料极为敏感，如氨化秸秆喂羊的适口性就很差。羊不喜欢吃带有叶毛和蜡质的植物，如芦草。

4. 体积要适当

既要保证羊能吃饱，又要满足其营养需要，一般每天青饲料的喂量占羊只体重的 1.5% ～ 3%。

5. 注意饲料的品质

严禁用有毒或霉烂的饲料喂羊。

6. 饲料原料应多样化

单一饲料所含养分的种类、数量不可过分单调，应多种饲料搭配，达到营养互补，提高配合饲料的全价性和饲养效果。

7. 正确确定精、粗饲料比例和饲料用量范围

日粮除了要满足肉羊能量、蛋白质需要外，还应保证供给 15% ～ 20% 的粗纤维，这对肉羊的健康是必要的。日粮干物质采食量占体重的 2% ～ 3%。在肉羊的精料混合料中，一般建议的最高用量为 ：玉米 70%，小麦 40%，麸皮 30%，米糠 20%，大麦胚芽 10%，花生饼 10%，棉籽饼 15%，葵花籽饼 10%，尿素 1% ～ 2%。

二、日粮配合方法

配合日粮的方法有手算法和计算机法两种。手算法是按照肉羊饲养标准和日粮配合的原则，通过简单的数字运算，设计全价日粮的过程，如试差法、正方形法、代数法等。正方形法适合于所需计算的营养指标较少，饲料种类不多时，而试差法适用于所需计算的营养指标及饲料种类较多时。手算法可充分体现设计者的意图，设计过程清楚，是计算机设计日粮配方的基础。计算机配合日粮过程繁杂，特别是当供选饲料种类多，同时需考虑营养成分的最低成本时，需要很大的工作量，有时还难以得出确定的结果。这里我们介绍常用的手算法。

（一）日粮配合的步骤

1. 查羊的饲养标准，确定羊的营养需要量，主要包括能量、蛋白质、矿物质和维生素等的需要量。

2. 选择饲料，查出其营养价值。

3. 确定粗饲料的投喂量。配合日粮时应根据当地的粗饲料。一般成年羊粗饲料干物质采食量占体重的 1.5% ～ 2.0% 或占总干物质采食量的 60% ～ 70%；颗粒饲料精料与粗料之比以 50:50 最好，生长羔羊颗粒饲料与粗料之比可增加到 85:15。在粗饲料中最好有一半左右是青绿饲料或玉米青贮。实际计算时，可按 3 千克青绿饲料或青贮相当于 1 千克青

干草或干秸秆折算，计算由粗饲料提供的营养量。

4. 计算精料补充料的配方。粗饲料不能满足的营养成分要由精料补充。在日粮配方中，蛋白质和矿物质，特别是微量元素最不容易得到满足，应在全价日粮配方的基础上，计算出精料补充料的配方。设计精料补充料配方时，应先根据经验草拟一个配方，再用试差法、十字交叉法或联立方程法对不足或过剩的养分进行调整。调整的原则是：蛋白质水平偏低或偏高，可减少或增加玉米、高粱等能量饲料的用量。

5. 检查、调整与验证。上述步骤完成后，计算所有饲料提供的养分，如果实际营养提供量与营养需要量之比在 95% ～ 105% 范围，说明配方合理。

（二）配合日粮应满足的标准

1. 全舍饲时，干物质（DM）采食量代表羊的最大采食能力，配合日粮的干物质不应超过需要量的 3%。放牧条件下，DM 表示可提供的饲料量，其采食量依饲喂条件不同而定。

2. 所有养分含量均不能低于营养需要量的 5% 或更多。

3. 动物利用能量的能力有限，因此，能量的供给量应控制在需要量的 100% ～ 103% 或更多。

4. 蛋白质饲料价格比较低时，提供比需要量高出 5% ～ 10% 的蛋白质可能有益于肉羊生产。而比需要量多 25% 时，对羊生长发育不利。

5. 实践中有时钙、磷过量，只要不是滥用矿物质饲料，且保证钙、磷比例为（1 ～ 2）:1，粮中允许钙、磷超标。

6. 必须重视羔羊、妊娠母羊、哺乳母羊和种公羊日粮中胡萝卜素的供应。一般情况下，胡萝卜素过量对动物无害。

7. 必须满足羔羊和肥育羊的微量元素需要，一般以无机盐的形式补充。应按照饲养标准和有关试验结果，确定微量元素的适宜补充量。

（三）日粮配合示例

现有一批活重 30 千克、营养状况良好的羔羊，需进行强度肥育，计划日增重为 295 克，试用现有的野干草、中等品质苜蓿干草、黄玉米和棉籽饼四种饲料，配制育肥日粮。

第一步，参照有关饲养标准，确定羔羊营养需要量，同时从有关饲料营养成分表查取上述四种饲料的营养成分。

第二步，计算粗饲料提供的养分。设野干草和苜蓿干草的重量比为 1:5，则混合干草的消化能为 9.684 兆焦 / 千克。同样，可以计算出混合干草的粗蛋白质、钙、磷含量分别为 12.12%、1.56% 和 0.50%。

第三步，计算需要补加的精料用量。1.3 千克混合干草可提供消化能 12.589 兆焦，与羔羊需要量 17.138 兆焦相比尚缺 4.549 兆焦，能量的不足部分用玉米来补充。玉米能量 13.794 兆焦 / 千克与干草能量 9.684 兆焦 / 千克之差为 4.110 兆焦 / 千克，日粮中玉米需要量为：

4.549 兆焦 ÷4.110 兆焦 / 千克 =1.11 千克

则干草用量为：

1.3 千克 -1.11 千克 =0.19 千克

0.19 千克的干草能提供的粗蛋白质为 0.023 千克，1.11 千克玉米能提供的粗蛋白质为 1.11 千克 ×6.95%=0.077 千克，二者合计为 0.10 千克，与羔羊需要量 0.191 千克相差 0.091 千克。蛋白质不足部分可用棉籽饼补充，棉籽饼粗蛋白质含量 42.10% 与玉米粗蛋白质含量 6.95% 之差为 35.15%，则日粮中的棉籽饼需要量为：

0.091 千克 ÷35.15%=0.26 千克

已知在满足能量需要的前提下，日粮中精饲料的干物质量为 1.11 千克，那么在同时满足能量与蛋白质需要量的条件下，玉米的需要量为：

1.11 千克 -0.26 千克 =0.85 千克

即日粮中应含 0.19 千克的干草，0.85 千克的玉米，0.26 千克的棉籽饼。

第四步，计算钙、磷的余缺量，并补充相应饲料。

3 种饲料可提供的钙为：

0.19 千克 ×1.56% ＋ 0.85 千克 ×0.05%+0.26 千克 ×0.39%=4.4 克

与羔羊需要量 6.6 克相比，尚缺 2.2 克。

3 种饲料提供的磷为：

0. 19 千克 ×0.5%+0.85 千克 ×0.36%+0.26 千克 ×1.01%=6.6 克

与羔羊需要量 3.2 克相比，多余 3.4 克。

钙不足部分可用石灰石补充，已知石灰石含钙 34%，则日粮中的石灰石需要量为：

2.2 克 ÷34%=6.5 克

第五步，饲料干物质换算为实际用的风干饲料量。

干草：0.19 千克 ÷92.41%=0.21 千克。

玉米 :0.85 千克 ÷80.0%=1.06 千克。

棉籽饼：0.26 千克 ÷95.26%=0.27 千克。

石灰石：6.5 克 ÷100%=6.5 克。

根据以上计算结果，可知 30 千克体重的羔羊强度肥育，日增重为 295 克时，日粮组成为：干草为 0.19 公斤，玉米 1.06 千克，棉籽饼 0.27 千克，石灰石 6.5 克。

第六节　肉羊场生产与经营管理

一、肉羊场的生产管理

1. 羊群分组

羊群一般分为种公羊、成年母羊、后备羊和育成羊、羔羊和去势羊等组别，其中成年母羊又可分为空怀期母羊、妊娠母羊和哺乳母羊。羔羊是指出生后未断奶的小羊。除后备羊以外，其余羊只均可用于育肥或出售。按传统养羊方式，非种用公羔一般要去势，称为去势羊或羯羊；但在现代生产中，因肥羔生产中羔羊利用年限提前，为保持公羊早期的生长优势，通常不作去势处理。成年母羊是12～18月龄配种受孕后的备母羊，一般使用6年左右，当牙齿脱落、繁殖效率较差或患有不易医治的疾病时，应提前淘汰，安排育肥屠宰。种公羊是从后备羊中选留的，一般在12～18月龄时成熟并开始使用，使用期一般为5年。杂交改良过程中的羊或经济杂交中的杂种羊，因遗传性不稳定，不能留作种公羊，所用种公羊，应从种羊场购买。

2. 羊群结构

是指各个组别的羊只在羊群中所占的比例。在以产肉为主的羊场，因幼羊或去势羊往往育肥到周岁就出售或当年生羔羊当年屠宰利用，故成年母羊在羊群中比例应较大，一般可达到70%～80%。种公羊在羊群中的比例与羊场采用的配种方式有密切关系。例如，在采用本交配种时，每只种公羊承担40～50只母羊，而采用人工授精时，则每只公羊的精液可配200～1 000只母羊。成年母羊中适繁母羊的比例越高，羊群的繁殖率越高，对提高生产效益越有利。种公羊因其直接关系到羔羊的持量和产品率，在数量配置上要充足，必要时把本交时的公母羊比例提高到1:30，人工授精时的公、母羊比例提高到1:（100～200），另配置一定数量的试情公羊；在质量上要选择生产性能好、配种能力强的种用公羊。

3. 羊群的规模

羊群规模可根据品种，牧场条件技术状况等方面酌情确定。一般地讲，地方品种种群可稍大些，改良羊群则应小些；种公羊和育成公羊因育种要求，其群宜小，母羊群宜大。在起伏缓的平坦草原区，羊群可大些，丘陵区则应小些；在山区与农区，因地形崎岖，草场狭小，羊群则应划小，以便管理，集约化程度高、放牧技术水平高时，羊群可大些。羊群一经组成后，则应相对稳定，不要频繁变动，这样对加强责任制作经营管理都有利。

二、肉羊场的计划管理

1. 羔羊生产计划

主要是指配种分娩计划和羊群周转计划，分娩时间的安排既要考虑气候条件、又要考虑牧草生长状况，最常见的是产冬羔（即在11～12月份分娩）和产春羔（即在3～4月份分娩）。当年羔羊如屠宰利用需要进行强度育肥，方可达到育肥标准。母羊的分娩一般应在40～50天结束，故配种也应集中在40～50天完成。分娩集中，有利于安排育肥计划、编制羊群配种分娩计划和周转计划。

2. 肉皮生产计划

羊场以生产羊肉为主，羊皮也是重要的收入来源，其羊肉、羊皮生产计划的制订是羊群周转计划和育肥羊只的单产水平进行的。编制好这个计划，关键在于订好育肥羔羊的单产指标，也就是在分析羊群质量、群体结构、技术提高状况、管理办法、改进配种分娩计划、饲料保证程度、人力与设备情况等内容的基础上，结合本年度确定的计划任务与要求来决定。

3. 饲料生产和供应计划

饲料生产计划是饲料计划中最主要的计划，羊场对饲料的生产、采集、加工、贮存和供应必须有一套有效的计划做保证。饲料的供应计划主要包括制定饲料定额、各种羊只的日粮标准、饲料粮的留用和管理、青饲料生产和供应的组织饲料的采购与贮存以及饲料加工配合等。为保证此计划的完成，各项工作和各个环节都应制度化，做到有章可循、按章办事。

4. 羊群发展计划

当制订羊群发展规划或育种计划时，需要本年度和本单位历年的繁殖淘汰情况和实际生产水平，对羊场今后的发展进行科学的估算。

5. 羊场疫病防治计划

羊场疫病防治计划是指一个日历年度内对羊群疫病防治所作的预先安排。疾病防治工作的方针是“预防为主，防治结合”。为此要建立一套综合性的防疫措施和制度，包括羊群的定期检查、羊舍消毒、各种疫苗的定期、注射、病羊的治疗与隔离等。

三、肉羊场经营管理的原则

肉羊场的经营管理与羊产业发展具有互为因果的关系。因为各个羊场经营的景气与否，直接反映出养羊业的盛衰，而羊产业的健全与否，又影响羊场经营利润的高低。现代羊场经营与过去的方式丰厚利润没促使养羊业发展的。只有努力提高种羊产品的质量、增加产量、降低生产成本、观察市场行情、合理配置各生产要素以及妥善的营销制度，才能取得理想的经营效果。

1. 以规模化良种场为基地

由于我国养羊良种化程度不高，生产水平相对落后，我国在今后一段时期内养羊业发展，仍在很大程度上取决于良种羊生产发展的规模和速度。为了加快提高良种化水平，羊场担负着培育新品种和繁殖高质量的原种或杂交亲本的重要任务，又担负着示范推广新品种的任务。

2. 加快科技成果转化，促进羊产业技术进步

任何一项新技术、新成果都要经过试验、示范、推广等中间环节，这些工作要在羊场进行。羊场科技人员多、条件好，具备为当地农牧民传授知识、普及先进技术成果、提供科技服务、带动周围农牧区提高科学技术水平的基本条件。羊场以逐步形成以羊场为中心，向周围农牧区推广、普及养羊知识和先进技术成果的体系。以场带户、场户联合的道路，为养羊专业户提供系统化服务，这些对加速品种改良、提高饲养管理水平和促进养羊业发展起到了重要作用。

3. 保护品种，充当地域性羊资源的基因库

多年来，一部分羊场保护、拯救、繁殖了许多国内名贵、珍稀品种和国外引进的优良

品种，形成了一个丰富的品种资源基因库，基本保证了科研工作和开发需要，为发展我国名、特、优产品生产，适应国内市场和扩大出口创汇需要作出了贡献。

4. 实行集约化经营，建立商品生产的示范园

近 20 年来，由于育种，畜牧机械、配合饲料工业等方面的技术进步，使养羊业生产由过去靠天养畜的粗放式经营逐渐向信息化经营转变，这是世界养羊业发展的趋势。在澳大利亚、新西兰、英国、美国等，现在基本上实现了品种良种化，草地改良化、围栏化、划区轮牧，主要生产环节机械化，从而大大提高了劳动生产率，增加了经济效益，使养羊生产向集约化、现代化方向迈进。

第四章 肉羊繁殖

现代肉羊生产中繁育技术是关键环节之一，繁育技术不仅直接影响养肉羊业的生产效率，而且也是畜牧科学技术的综合反映。在繁育技术上，通过有效地控制、干预繁育过程，使肉羊生产能按人类的需要与要求有计划的进行生产。

第一节 羊的生殖器官与生理机能

一、母羊的生殖器官及生理功能

母羊的生殖器官主要由卵巢、输卵管、子宫、阴道以及外生殖道等部分组成。母羊的生殖器官形状及构造（图 4-1）。

卵巢是母羊主要的生殖腺体，位于腹腔肾脏的后下方，由卵巢系膜悬在腹腔靠近体壁处，左右各 1 个，呈卵圆形，长约 0.5 ～ 1.0 厘米，宽约 0.3 ～ 0.5 厘米。卵巢组织结构分内外两层，外层叫皮质层，可产生滤泡、生产卵子和形成黄体；内层是髓质层，分布有血管、淋巴管和神经。卵巢的主要功能是生产卵子和分泌雌性激素。

输卵管位于卵巢和子宫之间，为一弯曲的小管，管壁较薄。输卵管的前口呈漏斗状，开口于腹腔，称输卵管伞，接纳由卵巢排出的卵子。输卵管靠近子宫角一段较细，称为峡部。输卵管的功能是精子和卵子受精结合和开始卵裂的地方，并将受精卵输送到子宫。

子宫包括两个子宫角、子宫体和子宫颈。位于骨盆腔前部，直肠下方，膀胱上方。子宫口伸缩性极强，妊娠子宫由于其面积和厚度增加，重量可超过未妊娠子宫 10 倍。子宫角和子宫体的内壁有许多功能盘状组织，称为子宫小叶，是胎盘附着母体并取得营养的地

图 4-1 母羊的生殖器

方。子宫颈为子宫和阴道的通道，不发情和怀孕时子宫颈收缩得很紧，发情时稍微开张，便于精子进入。子宫的生理功能 ：一是发情时，子宫借肌纤维有节律的、强而有力的收缩作用而运送精液 ；分娩时，子宫以其强有力的阵缩而排出胎儿。二是胎儿发育生长地方。子宫内膜形成的母体胎盘结合成为胎儿与母体交换营养和排泄物的器官。三是在发情期前，内膜分泌的前列腺素 F2α，对卵巢黄体有溶解作用，致使黄体机能减退，在促卵泡素的作用下引起母羊发情。

阴道是交配器官和产道。前接子宫颈口，后接阴唇，靠外部 1/3 处的下方为尿道口。其生理功能是排尿、发情时接受交配、分娩时胎儿产出的通道。

二、公羊的生殖器官及生理功能

公羊的生殖器官由睾丸，副睾、输精管、副性腺、阴茎等组成。公羊和生殖器官具有产生精子、分泌雄性激素以及交配的功能。公羊的生殖器及构造见图 4-2。

睾丸主要功能是生产精子和分泌雄性激素。睾丸分左右两个，呈椭圆形。它和副睾被白色的致密结缔组织膜包围。白膜向睾丸里部延伸，形成许多隔子，将睾丸分成许多睾丸小叶，每个睾丸小叶有 3 ～ 4 个弯曲的精细管，称曲细精管，这些曲细精管到睾丸纵隔处汇合成为直细精管，直细精管在纵隔内形成睾丸网，精细管是产生精子的地方，睾丸小叶的间质组织中有血管、神经和间质细胞，间质细胞产生雄性激素，成年公羊双侧睾丸重约 400 ～ 500 克。

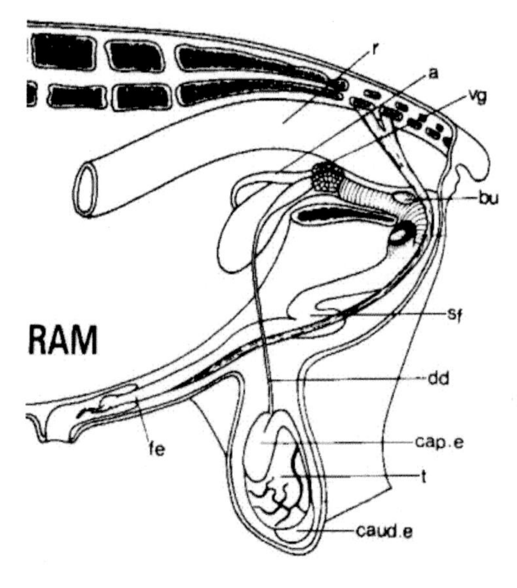

图 4-2 公羊生殖器

r: 直肠　a: 输精管壶腹　vg: 精囊腺　bu: 尿道球腺　sf:S 状弯曲　dd: 输精管　cap.e: 附睾　t: 睾丸　caud.e: 附睾尾　fe: 阴茎游离端

副睾是贮存精子和精子最后成熟的地方，也是排出精子的管道。此外，副睾管的上皮细胞分泌物可供精子存活和运动所需的营养物质。副睾附着在睾丸的背后，分头、体、尾三部分。副睾的头部由睾丸网分出的睾丸输出管构成。

输精管是精子由副睾排出的通道。它为一厚壁坚实的束状管，分左右两条，从副睾尾部开始由腹股沟进入腹腔，再向后进入骨盆腔到尿生殖道起始部背侧，开口于尿生殖道黏膜形成的精阜上。

副性腺包括精囊腺、前列腺和尿道球腺。副性腺体的分泌物构成精液的液体部分。

精囊腺位于膀胱背侧，输精管壶腹部外侧。与输精管共同开口于精阜上。分泌物为淡乳白色粘稠状液体，含有高浓度的蛋白质、果糖、柠檬酸盐等成分，供给精子营养和刺激精子运动。

前列腺位于膀胱与尿道连接处的上方。公羊的前列腺不发达，由扩散部所构成。其分泌物是不透明稍粘稠的蛋白样液体，呈弱碱性，能刺激精子，使其活动力增强，并能吸收精子排出的二氧化碳，使得精子生存。

尿道球腺位于骨盆腔口处上方，分泌粘液性和蛋白样液体，在射精前排出，有清洗和润滑尿道的作用。

阴茎是公羊的交配器官。主要由海绵体构成，包括阴茎海绵体、尿道阴茎部和外部皮肤。成年公羊阴茎全长为 30 ～ 35 厘米。

三、发情与鉴定

（一）羊的性成熟

1. 母羊的初情期与性成熟

在母羊性机能发展过程中，一般分为初情期、性成熟期及繁殖机能停止期。

母羊幼龄时期的卵巢及性器官均处于未完全发育状态，卵巢内的卵泡在发育过程中多数萎缩闭锁。随着母羊生长、发育的进行，当达到一定的年龄和体重时，母羊即发生第一次发情和排卵，即到了初情期。此时，母羊虽有发情表现，但不完全，发情周期也往往不正常，其生殖器官仍在继续生长发育中。此后，因垂体前叶产生大量的促性腺激素释放到血液中，促进卵巢的发育，同时卵泡产生雌激素并释放到血液中，刺激生殖道的生长和发育。绵羊的初情期一般为 4 ～ 8 月龄。我国某些早熟多胎品种如小尾寒羊、湖羊的初情期为 4 ～ 6 月龄。

母羊到了一定的年龄，生殖器官已发育完全，具备了繁殖能力，称为性成熟期。性成熟后，就能够配种、怀胎并繁殖后代，但此时身体的生长发育尚未成熟，故性成熟时并不意味着以达到最适配种年龄，实践证明，幼畜过早配种，不仅严重阻碍其自身的生长发育，而且严重影响后代体质和生产性能。肉用母羊性成熟一般为 6 ～ 8 月龄。母羊的性成熟主要取决于品种、个体、气候和饲养管理条件等因素。早熟种的性成熟期较晚熟种的早，温暖地区较寒冷地区的早，饲养管理好的，性成熟也早。但是，母羊初配年龄过迟，不仅影响其遗传进展，而且也会影响经济效益。因此，要提倡适时配种，一般而言，在其体重达成年体重 70% 时即可开始配种。肉用母羊适宜配种年龄为 10 ～ 12 月龄，早熟品种、饲养管理条件好的母羊，配种年龄可稍早。

2. 公羊的性行为和性成熟

公羔的睾丸内出现成熟的并具有受精能力的精子时，即是公羊的性成熟期。一般公羊的性成熟期为 5 ～ 7 龄。性成熟的早晚受品种、营养条件、个体发育、气候等因素的影响。

公羊的性行为主要表现为性兴奋、求偶、交配。公羊表现性行为时，常有扬头，口唇上翘 ，发出连串鸣叫声，性兴奋发展到高潮时进行交配。

（二）母羊发情和发情周期

1. 发情

母羊能否正常繁殖，往往取定于能否正常发情。正常的发情，是指母羊发育到一定阶段所表现的一种周期性的性活动现象。母羊发情包括三方面的变化：一是母羊的精神状态，母羊发情时，常常表现兴奋不安，对外界刺激反应敏感，食欲减退，有交配欲，主动接近公羊，在公羊追逐或爬跨时常站立不动。二是生殖道的变化，发情期中，在雌激素的作用下，生殖道发生了一系列有利于交配活动的生理变化，如发情母羊外阴部颈口松弛、充血、肿胀，阴蒂勃起，阴道充血、松弛，并分泌有利于交配的黏液，子宫颈口松弛、充血并有黏液分泌。子宫腺体增长，基质增生、充血、肿胀，为受精卵的发育做好准备。三是卵巢的变化，母羊在发情前 2 ～ 3 天卵巢的卵泡发育很快，卵泡内膜增厚，卵泡液增多，卵泡部分突出于卵巢表面，卵子被颗粒层细胞包围。

2. 发情持续期

母羊每次发情后持续的时间称为发情持续期，绵羊发情持续期平均为 30 小时左右，山羊为 24 ～ 48 小时左右。母羊排卵一般多在发情后期，成熟卵排出后在输卵管中存活的时间约为 4 ～ 8 小时，公羊精子在母羊生殖道内维持受精能力最旺盛的时间约为 24 小时，为了使精子和卵子得到充分的结合机会，最好在羊排卵前数小时配种。因此，比较适宜的配种时间应在发情中期。在养羊生产实践中，早晨试情后，挑出发情母羊立即配种，为保证受胎，傍晚应再配 1 次。

3. 发情周期

发情周期，即母羊从上一次发情开始到下次发情的间隔时间。在一个发情期内，未经配种或虽经配种未受孕的母羊，其生殖器官和机体发生一系列周期性变化，到一定时间会再次发情。绵羊发情周期平均 16 天（14 ～ 21 天），山羊平均为 21 天（18 ～ 24 天）。

（三）发情鉴定

发情鉴定的目的是及时发现发情母羊，正确掌握配种或人工授精时间，防止误配漏配，提高受胎率。母羊发情鉴定一般采用外部观察法、阴道检查法和试情法。

1. 外部观察法

绵羊的发情期短，外部表现也不太明显，发情母羊主要表现为喜欢接近公羊，并强烈摇动尾部，当被公羊爬跨时站立不动，外阴部分泌少量黏液。山羊发情表现明显，发情母山羊兴奋不安，食欲减退，反刍停止，外阴部及阴道充血、肿胀、松弛，并有黏液排出。

2. 阴道检查法

阴道检查法是用阴道开膣器来观察阴道的黏膜、分泌物和子宫颈口的变化来判断发情与否。发情母羊阴道黏膜充血，表面光亮湿润，有透明黏液流出，子宫颈口充血、松弛、开张并有黏液流出。

进行阴道检查时，先将母羊保定好，外阴部清洗干净。开膣器经清洗、消毒、烘干后，涂上灭菌过的润滑剂或用生理盐水浸湿。工作人员左手横向持开膣器，闭合前端，慢慢插入，轻轻打开开膣器，通过反光镜或手电筒光线检查阴道变化，检查完后稍微合拢开膣器，抽出。

3. 试情法

鉴定母羊是否发情多采用公羊试情的办法。

试情公羊的准备：试情公羊必须是体格健壮、无疾病、性欲旺盛、2 ～ 5 周岁的公羊。为了防止试情公羊偷配母羊，要给试情公羊绑好试情布，也可做输精管结扎或阴茎移位术。

试情公羊的管理：试情公羊应单圈喂养。除试情外，不得和母羊在一起。试情公羊要给予良好的饲养条件，保持活泼健康。对试情公羊每隔 5 ～ 6 天排精或本交 1 次，以保证公羊具有旺盛的性欲。

试情方法 ：试情公羊与母羊的比例要合适，以 1:（40 ～ 50）为宜。试情公羊进入母羊群后，工作人员不要哄打和喊叫，只能适当轰动母羊群，使母羊不要拥挤在一处。发现有站立不动并接受公羊爬跨的母羊，表示该母羊已发情，要迅速挑出，准备配种。

第二节 配种方法

一、配种时间的确定与频率

配种时间的确定，主要是根据不同地区、不同羊场的年产胎次和产羔时间决定。而年产胎次和产羔时间常根据饲草和气候条件决定，一般年产 1 胎的母羊，有冬季产羔和春季产羔两种，冬季产羔时间在 1 ～ 2 月间，需要在 8 ～ 9 月配种，春季产羔时间在 3 ～ 4 月间，需要在 10 ～ 11 月配种。两年三产的母羊，第 1 年 5 月配种，10 月份产羔；第 2 年 1 月配种，6 月产羔 ；9 月配种，次年 2 月产羔。对于一年两产的母羊，可于 4 月初配种，当年 9 月初产羔，第 2 胎在 10 月初配种，第 2 年 3 月初产羔。

二、自然交配与人工辅助交配

（一）自然交配

自由交配为最简单的交配方式。在配种期内可根据母羊的多少，将选好的种公羊放入母羊群中任其自由寻找发情母羊进行交配。该法省工省事，适合小群分散的生产单位，若公、母羊比例适当，可获得较高的受胎率。但自由交配存在的缺点是：①无法确定产羔时间。②公羊追逐母羊，无限交配，不安心采食，耗费精力，影响健康。③公羊追逐爬跨母羊，影响母羊采食抓膘。④无法掌握交配情况，后代血统不明，容易造成近亲交配或早配，难以实施计划选配。⑤种公羊利用率低，不能发挥优秀种公羊的作用。为了克服以上缺点，应在非配种季节把公、母羊分群放牧管理，配种期内将适量的公羊放入母羊群，每隔 2 ～ 3 年，群与群之间有计划地进行公羊调换，交换血统。

（二）人工辅助交配

人工辅助交配是将公、母羊分群隔离饲养，在配种期内用试情公羊试情，有计划的安排公、母羊配种。这种交配方法不仅可以提高种公羊的利用率，延长利用年限，而且能够有计划地进行选配，提高后代质量。交配时间一般是早晨发情的母羊傍晚进行交配，下午或傍晚发情的母羊于次日早晨配种。为确保受胎，最好在第 1 次交配后间隔 12 小时左右再重复交配 1 次。

（三）人工授精

人工授精是用器械以人工的方法采集公羊的精液，经过精液品质检查和一系列处理，再通过器械将精液输入到发情母羊生殖道内，达到母羊受胎的配种方式。人工授精可以提高优秀种公羊的利用率，与本交相比，所配母羊数可提高数十倍，加速了羊群的的遗传进展，并可防止疾病传播，节约饲养大量种公羊的费用。

人工授精技术包括采精、精液品质检查、精液处理和输精等主要技术环节。

1. 采精

采精前应做好各项准备工作，如人工授精器械的准备，种公羊的准备和调教，与配母羊的准备，制订选配计划等。

采精为人工授精的第一步，为保证公羊性反射充分，射精顺利、完全，精液量多而洁净，必须做到稳当、迅速、安全。

采精前选择健康发情母羊作为台羊。台羊外阴部要用消毒液消毒，再用温水洗净擦干。采精器械必须经过严格消毒，而后将内胎装入假阴道外壳，再装上集精瓶。安装假阴道时，注意内胎平整，不要出现皱褶。为保证假阴道有一定润滑度，用清洁玻璃棒蘸少许经灭菌后的凡士林，均匀涂抹在假阴道内的前 1/3 处。为使假阴道温度接近母羊阴道温度从假阴道注入 55℃温水约 160 毫升，即水量约占内外胎空间的 70%，使假阴道温度保持在 40 ～ 42℃，再通过气门活塞吹入气体，使假阴道保持一定压力。吹入气体的量，一般以内胎内表面呈三角形合拢而不向外鼓出为适度，使假阴道温度、润滑度和弹性接近母羊的阴道，以利于公羊的射精。

采精操作是将台羊保定后，引公羊到台羊处，采精人员蹲在台羊右后方，右手握假阴道，贴靠在台羊尾部，使假阴道入口朝下，与地面成 35° ～ 45° 角。当公羊爬跨时，轻快地将阴茎导入假阴道内，保持假阴道与阴茎呈一直线。当公羊用力向前一冲即为射精，此时操作人员应随同公羊跳下时将假阴道紧贴包皮退出，并迅速将集精瓶口向上，稍停，放出气体，取下集精瓶。

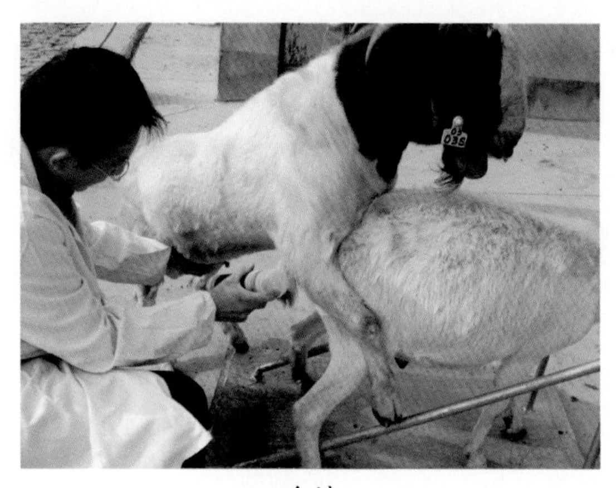

采精

2. 精液品质检查

精液品质和受胎率有直接关系，所采精液必须经过检查与评定后方可用作输精。通过精液品质检查，确定稀释倍数和能否用于输精，这是保证输精效果的一项重要措施，也是对种公羊种用价值和配种能力的检验。精液品质检查要求快速准确，取样要有代表性。检精室要洁净，室温保持 18 ～ 25℃。检查项目如下：

外观检查：正常精液为浓厚的乳白色或乳酪色液体，略有腥味。其他颜色或腐臭味的均不能用来输精。

精液量：用灭菌输精器抽取测量。公羊精液量通常为0.5～2毫升，一般为1.0毫升。

精子活率 ；精子活率是评定精液质量的重要指标之一，精子活率的测定是检查在37℃左右下精液中直线前进运动的精子占总精子的百分率。检查时以灭菌玻璃棒蘸取1滴精液，放在载玻片上加盖片，在显微镜下放大300～500倍观察。全部精子都作直线前进运动则评为1，90%的精子作直线前进运动为0.9，以此类推。活率在0.7级以上方可适用于输精。

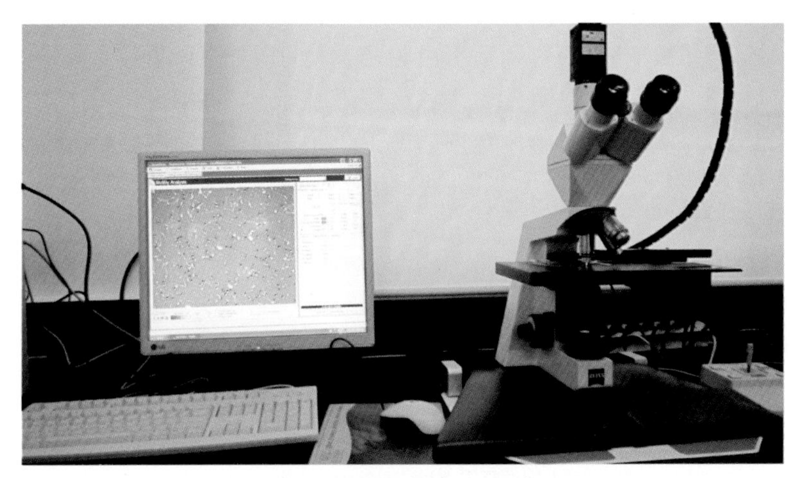

用显微镜检查精液品质

鲜精、稀释后以及保存的精液前后都要进行活率检查。

精子密度：密度是指单位体积中的精子数。测定精子密度常用的方法有显微镜观察评定、计数法、以及光电比色计法。

显微镜观察法：取1滴新鲜精液在显微镜下观察，根据视野内精子多少将精子密度分以下几等：

密：视野中精子稠密、无空隙，看不清单个精子的运动。

中：精子间距离相当于1个精子的长度，可以看清单个精子的运动。

稀：精子数不多，精子间距离很大。

无：没有精子。

计数法：用血细胞计数板进行。先用红血细胞稀释管吸到原精液至0.5刻度处，用纱布擦去吸管头上沾附的精液，再吸取3%～5%的氯化钠溶液吸到刻度101处，以拇指及中指按住吸管两端充分摇动，使氧化钠溶液与精子充分混匀。这样把精液稀到200倍。吹掉管内最初几滴液体，然后将吸管尖放在计数板中部的边缘处，轻轻滴入被检精液1小滴，让其自然流入计数室内，这时即可在600倍显微镜下计算精子。计数5个大方格精子总数乘以1 000万，即为1毫升精液的精子数。

光电比色法：先将经过精确计算精子数的原精液样本0.1毫升；加入5毫升蒸馏水中，混合均匀，在光电比色计中测定透光度，读数记录，做出精子密度表。以后测定精子密度时，只要按上法测定透光度，然后查表就可知道每毫升精子数。

精子形态：精液中变态精子过多，会降低受胎率。凡是精子形态不正常均为畸形精子，如头部过大、过小、双头、双尾、断裂、尾部弯曲和带原生质滴等。

3. 精液的稀释

稀释精液的目的在于扩大精液量，提高优良种公羊的配种效率，促进精子活力，延长精子存活时间，使精子在保存过程中免受各种物理、化学和生物等因素的影响。

人工授精所选用的稀释液要力求配制简单，费用低廉，具有延长寿命、扩大精液量的效果，最常用的稀释液有：

(1) 生理盐水稀释液

用 0.9% 生理盐水作稀释液，或用经过灭菌消毒的 0.9% 氯化钠溶液。此种稀释液简单易行，稀释后马上输精，是一种比较有效的方法。此种稀释液的稀释倍数不宜超过两倍。

(2) 葡萄糖卵黄稀释液

于 100 毫升蒸馏水中加葡萄糖 3 克，柠檬酸钠 1.4 克，溶解后过滤灭菌，冷却至 30℃，加新鲜卵黄 20 毫升，充分混合。

(3) 牛奶（或羊奶）稀释液

用新鲜牛奶（或羊奶）以脱脂纱布过滤，蒸汽灭菌 15 分钟，冷却至 30℃，吸取中间奶液即可做稀释用。

各种稀释液中，每项毫升稀释液应加入 500 国际单位青霉素和链霉素，调整溶液的 pH 值为 7.0 后使用。稀释应在 25 ～ 30℃温度下进行，对稀释后的精液经过检查方可输精。

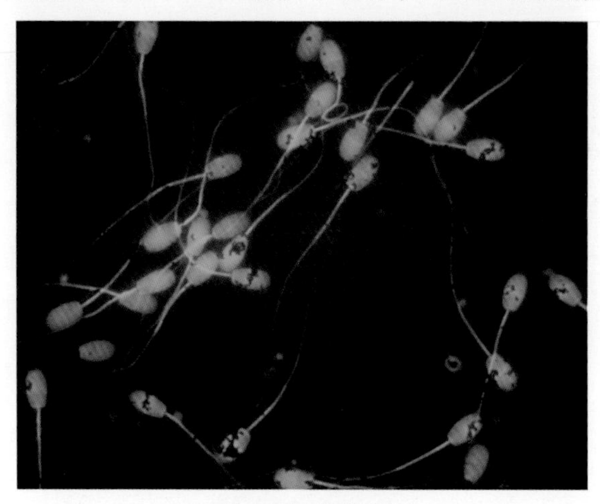

稀释后的精液

4. 精液的保存

为扩大优秀种公羊的利用效率、利用时间、利用范围，需要有效地保存精液，延长精子的存活时间。为此必须降低精子的代谢，减少能量消耗。

（1）常温保存

精液稀释后，保存在 20℃以下的室温环境中，在这种条件下，精子运动明显减弱，可在一定限度内延长精子存活时间。在常温下能保存 1 天。

（2）低温保存

在常温保存的基础上，进一步缓慢降低至 0 ～ 5℃之间。在这个温度下，物质代谢和能量代谢降到极低水平，营养物质的损耗和代谢产物的积累缓慢，精子运动完全消失。低温保存的有效时间为 2 ～ 3 天。

（3）冷冻保存

家畜精液的冷冻保存，是人工授精技术的一项重大革新，它可长期保存精液。牛、马精液冷冻已取得了令人满意的效果。羊的精子由于不耐冷冻，冷冻精液受胎率较低，一般发情期受胎率 40% ～ 50%，少数试验结果达到 70%。

冷冻精液的保存过程为：稀释、平衡、冷冻、解冻。冷冻方法可分为安瓿冷冻法、颗粒冷冻法和细管冷冻法。

5. 输精

输精是母羊人工授精的最后一个技术环节。适时而准确地把一定量的优质精液输到发情母羊的子宫颈口内，这是保证母羊受胎、产羔的关键。

(1) 输精前的准备

输精器材的准备：输精前所有的器材要消毒灭菌，对于输精器及开膣器最好蒸煮或在高温干燥箱内消毒。输精器以每只公羊准备 1 支为宜，当输精器不足时，可将每次用后的输精器先用蒸馏水棉球擦净外壁，再以酒精棉球擦洗，待酒精挥发后再用生理盐水棉球擦净，便可继续输精。

输精人员的准备：输精人员工作服，手指甲剪短磨光，手洗净擦干，用 75% 酒精消毒，再用生理盐水冲洗。

待输精母羊准备：把待输精母羊放在输精室，如没有输精室，可在一块平坦的地方进行。母羊的保定：正规操作应设输精架，若没有输精架，可以采用横杠式输精架，在地面埋上两根木桩，相距 1 米宽，绑上 1 根 5 ～ 7 厘米粗的圆木，距地面高约 70 厘米，将输精母羊的两后肢提在横杠上悬空，前肢着地，1 次可使 3 ～ 5 只母羊同时提在横杠上，输精时比较方便；另一种较简便的方法，也可由 1 人保定母羊，使母羊自然站立在地面，输精人员蹲在输精坑内，还可采用两人抬起母羊后肢保定，这也是一种较简便的方法，抬起高度以输精人员能较方便地找到子宫颈口为宜。

(2) 输精要求

输精前将母羊外阴部用来苏尔溶液擦洗消毒，再用水洗擦干净或以生理盐水棉球擦洗，输精人员将用生理盐水湿润过的开膣器闭合按母羊阴门的形状慢慢插入，之后轻轻转动 90°，打开开膣器，如在暗处输精，要用灯或手电筒光源寻找子宫颈口。子宫颈口的位置不一定正对阴道，子宫颈在阴道内呈一小凸起，发情时冲血，较阴道壁膜的颜色深，容易寻找。如找不到，可活动开膣器的位置，或变化母羊后肢的位置。输精时，将输精器慢慢插入子宫颈口 0.5 ～ 1.0 厘米，将所需用的精液量注入子宫颈口内。输精量应保持有效精子数在 7 500 万以上，即原精液需要 0.05 ～ 0.10 毫升。有些处女羊阴道狭窄，开膣器无法充分展开，找不到子宫颈口，这时可采用阴道输精，但精液量至少增加 1 倍。

(3) 掌握输精时机

研究证明，绵羊输精时机对受胎率都有影响，应该在发情中期或中后期输精。由于绵羊发情期短，当发现母羊发情时母羊已发情了一段时间，因此，应及时输精。早上发现的发情羊，当日早晨输精 1 次，傍晚再输精 1 次。

输精的关键是严格遵守操作规程，操作要细致，子宫颈口要对准，精液量要足够，输精后的母羊要登记，按输精先后组群。加强饲养管理，为增膘保胎创造条件。

第三节　肉羊繁殖中的生物技术

一、同期发情技术

1．药物诱发同期发情

常用方法有孕激素阴道栓塞法和前列腺素注射法两种。

孕激素阴道栓塞法是将孕激素阴道栓放置于母羊子宫颈外口处，绵羊放置 12 ～ 14 天，山羊放置 16 ～ 18 天后，取出阴道栓，2 ～ 3 天后处理母羊发情率可达 90% 以上。阴道栓可以使用厂家的现成产品，也可以自制。自制阴道栓的方法是：取一块海绵，截成直径和厚度均为 2 ～ 3 厘米的小块，拴上 35 ～ 45 厘米长的细线，每块海绵浸吸一定量的孕激素制剂的溶液（孕激素与植物油相混）即成。常用的孕激素种类和剂量为：孕酮 150 ～ 300 毫克，甲孕酮 50 ～ 70 毫克，甲地孕酮 80 ～ 150 毫克，18 甲基 - 炔诺酮 30 ～ 40 毫克，氟孕酮 20 ～ 40 毫克。

可用送栓导入器将阴道栓送入母羊阴道内。送栓导入器由一外管和推杆组成。外管前端截成斜面，并将斜面后端的管壁挖一缺口，以便于用镊子将海绵栓置于外管前端。推杆略长于外管，前部削成一个平面，以防送栓时推杆将阴道栓的细线卡住。埋栓时，将送栓导入器浸入消毒液消毒，将阴道栓浸入混有抗生素的润滑剂（经高温消毒的食用植物油）中使之润滑，然后用镊子从导入管前端之后的缺口处将阴道栓放入导入管前端，细线从导入管前端之后的缺口处引出置于管外，将推杆插入导入管，使推杆前端和海绵栓接触。保证母羊呈自然站立姿势，将外管连同推杆倾斜，缓缓插入阴道 10 ～ 15 厘米处，用推杆将阴道栓推入子宫颈外口处。将导入管和推杆一并退出，细线引至阴门外，外留长度 15 ～ 20 厘米。如果连续给母羊埋栓，外管抽出浸入消毒液消毒后可以继续使用。

也可使用肠钳埋栓，将母羊固定后，用开膣器打开阴道，用肠钳将蘸有抗生素粉的自制阴道栓放入阴道内 10 ～ 15 厘米处，使阴道栓的线头留在阴道外即可。幼龄处女羊阴道狭窄，应用送栓导入器有困难，可以改用肠钳，甚至用手指将阴道栓直接推入。

埋栓时，应当避免现场尘土飞扬，防止污染阴道栓。母羊埋栓期间，若发现阴道栓脱落，要及时重新埋植。

撤栓时，用手拉住线头缓缓向后、向下拉，直至取出阴道栓。或用开膣器打开阴道后，用肠钳取出。撤栓时，阴道内有异味黏液流出，属正常情况，如果有血、脓，则说明阴道内有破损或感染，应立即使用抗生素处理。取栓时，阴门不见有细线，可以借助开膣器观察细线是否缩进阴道内，如见阴道内有细线，可用长柄钳夹出。遇有粘连的，必须轻轻操作，避免损伤阴道，撤栓后用 10 毫升 3% 的土霉素溶液冲洗阴道。

前列腺素注射法是给母羊间隔 10 ～ 14 天，连续注射两次前列腺素，每次注射剂量为

0.05～0.1 毫克，第二次注射后 2～3 天母羊发情率可达 90%以上。

为提高同期发情母羊的配种受胎率，可于配种时肌注适量的 LRH-A3 或 LH。

2. 公羊效应

是将公母羊在繁殖季节分群隔离饲养一个月之后再混群饲养，大多数母绵羊在放进公羊后 24 天，母山羊为 30 天可表现发情。此法较药物诱导发情的同期化程度低，但由于方法简单，不增加药费开支，故也可作为同期发情的一种实用技术。

二、胚胎移植技术

胚胎移植是对超数排卵处理的母羊（供体），从其输卵管或子宫内取出许多早期胚胎，移植到另一群母羊（受体）的输卵管或子宫内，以达到产生供体后代的目的。这是一种使少数优秀供体母羊产生较多的、具有优良遗传性状的胚胎，使多数受体母羊妊娠、分娩而达到加快优秀供体母羊品种繁殖的一种先进繁殖生物技术。

提供胚胎的母羊称为“供体”，接受胚胎的母羊称为“受体”。供体通常是选择优良品种或生产性能高的个体，其职能是提供移植用的胚胎；而受体则只要求是繁殖机能正常的一般母羊，其职能是通过妊娠使移植的胚胎发育成熟，分娩后继续哺乳抚育后代。受体母羊并没有将遗传物质传给后代，所以，实际上是以“借腹怀胎”的形式产生出供体的后代。

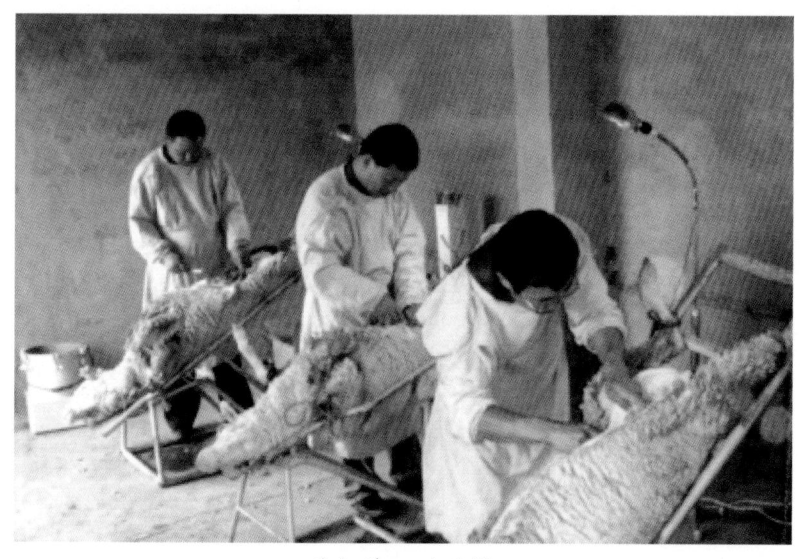

进行羊胚胎移植

胚胎移植的程序是：在自然情况下，母羊的繁殖是从发情排卵开始的，经过配种、受精、妊娠直到分娩为止。胚胎移植是将这个自然繁殖程序由两部分母羊来分别承担完成。供体母羊因只是提供胚胎，首先要求供体母羊作同期发情处理的同时，还需经超数排卵处理，再用优良种公羊配种，于是在供体生殖道内产生许多胚胎。将这些胚胎取出体外，经过检验后，再移入受体母羊生殖道的相应部位。受体母羊必须和供体母羊同时发情并排卵，而不予配种。这样移入的胚胎才能继续发育，完成妊娠过程，最后分娩产出羔羊。

胚胎移植技术的操作内容为：供体母羊的选择和检查；供体母羊发情周期记载；供体母羊超数排卵处理；供体母羊的发情和人工授精；受体母羊的选择；受体母羊的发情记载；供体、受体母羊的同期发情处理；供体母羊的胚胎收集；胚胎的检验、分类、保存；受体母羊移入胚胎；供体、受体母羊的术后管理；受体母羊的妊娠诊断；妊娠受体母羊的管理及分娩；羔羊的登记。

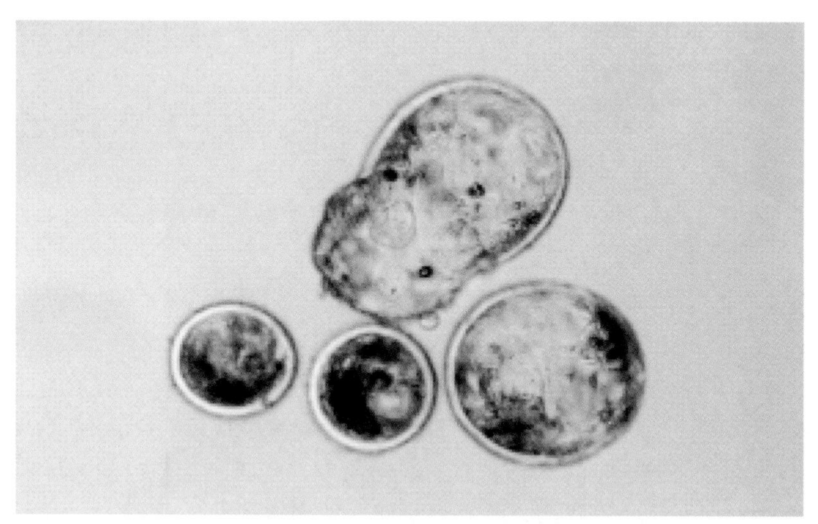

囊胚和扩张囊胚，×100

第四节 妊娠与分娩

一、妊娠检查

早期妊娠诊断，对于保胎、减少空怀和提高繁殖率都具有重要的意义。

（一）超声波探测法

用超声波的反射，对羊进行妊娠检查。根据多普勒效应设计的仪器，探听血液在脐带、胎儿血管和心脏等中的流动情况，能成功地测出妊娠 26 天的母羊，到妊娠 6 周时，其诊断的准确性可提高到 98% ～ 99%，若在直肠内用超声波进行探测，当探杆触到子宫中动脉时，可测出母体心率（90 ～ 110 次 / 分钟）和胎盘血流声，从而准确地肯定妊娠。

（二）免疫学诊断法

羊怀孕后，胚胎、胎盘及母体组织分别能产生一些化学物质，如某些激素或某些酶类等，其含量在妊娠的一定时期显著增高，其中某些物质具有很强的抗原性，能刺激动物机体产生免疫反应。早期怀孕的绵羊含有特异性抗原，这种抗原是和红细胞结合在一起的，用它制备的抗怀孕血清，与怀孕 10 ～ 15 天期间母羊的红细胞混合出现红细胞凝集作用，如果没有怀孕，则不发生凝集现象。

（三）激素测定法

羊怀孕后，血液中孕酮含量较未孕母羊显著增加，利用这个特点对母羊可作早期妊娠诊断。如在羊配种后 20 ～ 25 天，用放射免疫法测定：绵羊每毫升血浆中，孕酮含量大于 1.5 纳克，妊娠准确率为 93%。

二、分娩与接产

（一）分娩

妊娠母羊将发育成熟的胎儿和胎盘从子宫中排出体外的生理过程就是分娩或叫产羔。

1. 分娩预兆

母羊分娩前，机体的一些器官在组织和形态方面发生显著变化，母羊的行为也与平时不同，这些系列性变化以适应胎儿的产出和新生羔羊哺乳的需要。

行为变化：临近分娩时，母羊精神状态显得不安，回顾腹部，时起时卧。躺卧时两后肢不向腹下曲缩，而是呈伸直状态。排粪、排尿次数增多。

乳房的变化：母羊在妊娠中期乳房即开始增大，分娩前夕，母羊乳房迅速增大，稍现红色而发亮，乳房静脉血管怒胀，手摸有硬肿之感。此时可挤出初乳。

外阴部的变化：母羊阴唇逐渐柔软、肿胀，越接近产期越表现潮红；阴门容易开张，卧下时更加明显；生殖道黏液变稀，牵缕性增加，子宫颈黏液栓也软化，并经常排出于阴门外。

骨盆韧带：在分娩前 1 ～ 2 周开始松弛。

2. 分娩过程

分娩过程可分为三个阶段，即第一产程、第二产程和第三产程。

第一产程：从子宫角开始收缩，至子宫颈完全开张，使子宫颈与阴道之间的界限消失，这一时期称为开口期。为期大约 1 ～ 1.5 小时。母羊表现不安，时起时卧，食欲减退，进食和反刍不规则，有腹痛感。

第二产程：从子宫颈完全开张，胎膜被挤出并破水开始，到胎儿产出为止，称为产出期。母羊表现高度不安，心跳加速，母羊呈侧卧姿势，四肢伸展。此时胎囊和胎儿的前置部分进入软产道，压迫刺激盆腔神经感受器，除了宫缩以外，又引起了腹肌的强烈收缩，出现努责，于是在这两种动力作用下将胎儿排出。本期约为 0.5 ～ 1 小时。

第三产程：当胎儿开始娩出时，由于子宫收缩，供应胎膜的血液循环停止，胎盘上的绒毛遂萎缩。当脐带断裂后，绒毛萎缩更加严重，绒毛很容易从子宫腺窝中脱离。胎儿产出后，由于激素的作用，子宫又出现了阵缩，胎盘也是从子宫角尖端开始剥落。

（二）接产

母羊正常分娩时，在羊膜破后几分钟至30分钟左右，羔羊即可产出。若是产双羔，先后间隔5～30分钟。因此，当母羊产出第一个羔后，必须检查是否还有第二个羔羊，方法是以手掌在母羊腹部前侧适力颠举，如系双胎，可触感到光滑的羔体。

在母羊产羔过程中，最好让其自行娩出。但有的初产母羊因骨盆和阴道较为狭小，或双胎母羊在分娩第二头羔羊并已感疲乏的情况下，这时需要助产。若属胎势异常或其他原因难产时，应及时请有经验的畜牧兽医技术人员协助解决。

新生羊胎儿

羔羊产出后，首先把其口腔、鼻腔里的黏液掏出擦净，以免呼吸困难、吞咽羊水而引起窒息或异物性肺炎。羔羊出生后，一般情况下都是由自己扯断脐带。在人工助产下娩出的羔羊，可由助产者断脐带，断前可用手把脐带中的血向羔羊脐部捋几下，然后在离羔羊肚皮3～4厘米处剪断并用碘酒消毒。

三、产后母羊和新生羔羊护理

1．护理羔羊，应当防冻、防饿、防潮和勤检查、勤配奶、勤治疗、勤消毒。接羔室和分娩栏内要经常保持干燥，潮湿时要勤换干羊粪或干土。接羔室内温度不宜过高，接羔室内的温度要求在-5～5℃之间。

（1）母子健壮，产后一般让母羊将羔羊身上的黏液舐干，羔羊自己吃上初奶或帮助吃上初奶以后，放在分娩栏内或室内均可。

（2）母羊营养差、缺奶、不认羔、羔羊发育不良时，出生后必须精心护理。注意保温、配奶，防止踏伤、压死。要勤配奶，每天配奶次数要多，每次吃奶要少，羔羊能自己吃上奶时再放入母子群。对于缺奶和双胎羔羊，要另找保姆羊。

羔羊要吃上初奶

（3）对于病羔，要做到勤检查，早发现，及时治疗，特殊护理。打针、投药要按时进行。患肺炎羔羊，住处不宜太热；一般体弱拉稀羔羊，要做好保温工作；积奶羔羊，不宜多吃奶。

2．对体弱羔羊、不认羔的母羊及其所产羔羊，都应放在分娩栏内，白天天气好时，可将室内分娩母子移到室外分娩栏，晚间再移到室内，直到羔羊健壮时再归母子群。

3．产羔母羊在产羔期间，待产母羊群夜宿羊圈；如羔羊小，可将羔羊放入室内；3天以内的羔羊，应将母子均留在接羔室；如羔羊体弱，可延长留圈时间，对留圈母羊必须补饲草料和饮水。

4．对母羊和羔羊群进行临时编号，即在母子同一体侧（单羔在左、双羔在右）编上相同的临时号。

5．肉用羊的纯、杂种羔羊，天气热时，吃饱奶后睡觉，卧地太久，胃内奶急剧发酵会引起腹胀，随即拉稀。在草地或圈内，不能让羔羊多睡觉，应常赶起走动。天气变冷时，应立即赶回接羔室，防止因冻而引起感冒、肺炎、拉稀等疾病。

第五章 防疫制度化

第一节 常见疫病及其防治与诊治

一、口蹄疫

口蹄疫（又称口疮、蹄癀）是由口蹄疫病毒引起的一种人畜共患的急性、热性、高度接触性传染病。特征是口腔黏膜、蹄部及乳房皮肤发生水疱和溃烂。

1. 预防

无病地区严禁从有病国家或地区购进种羊。日常管理中根据毒型选用疫苗，定期预防接种。

2. 处置

发生疫情后，应立即向当地动物防疫监督机构报告，严格执行封锁、隔离、消毒、紧急预防接种等综合扑灭措施。

所有病死牲畜、被扑杀牲畜及其产品、排泄物以及被污染或可能被污染的垫料、饲料和其他物品应当进行无害化处理。无害化处理可以选择深埋、焚烧等方法，饲料、粪便也可以堆积发酵或焚烧处理。

对疫区和受威胁区尚未发病的羊，进行紧急预防接种。彻底消毒被污染的环境和器具，可选用 2% 氢氧化钠溶液、1% ～ 2% 甲醛溶液、0.2% ～ 0.5% 过氧乙酸、20% ～ 30% 草木灰水、4% 碳酸钠溶液等消毒剂。

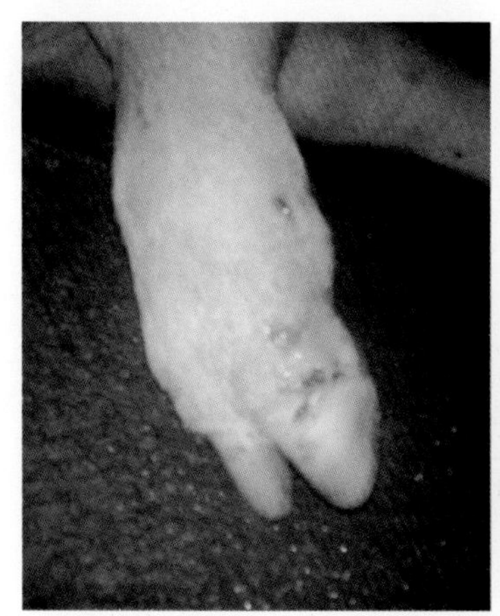
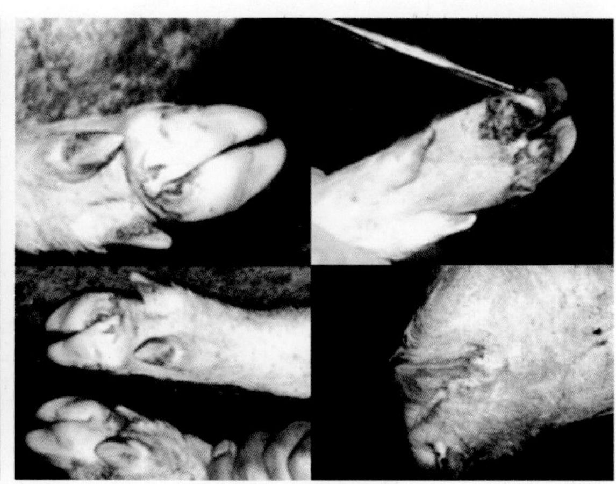

蹄部和口腔黏膜皮肤发生水疱、溃烂

二、羊痘

羊痘又称为羊天花或羊出花，是由痘病毒引起的一种急性、热性、接触性传染病。特征是皮肤和黏膜上出现斑疹、丘疹、水疱、脓疱，最后干结成痂，脱落后痊愈。

1. 预防

加强饲养管理，抓好膘情。定期预防接种。严禁从疫区引进羊只和购入畜产品。若需引进羊只，则应隔离检疫 21 天以上。

2. 处置

发生疫情应及时隔离、封锁、消毒和紧急预防接种，封锁 2 个月。消毒剂可选用 2% 苛性碱、10% ～ 20% 石灰乳剂或含 2% 有效氯的漂白粉液等。对羊群实施清群和净化措施。对尚未发病或受威胁的羊群，进行紧急免疫接种。病死羊的尸体应深埋。

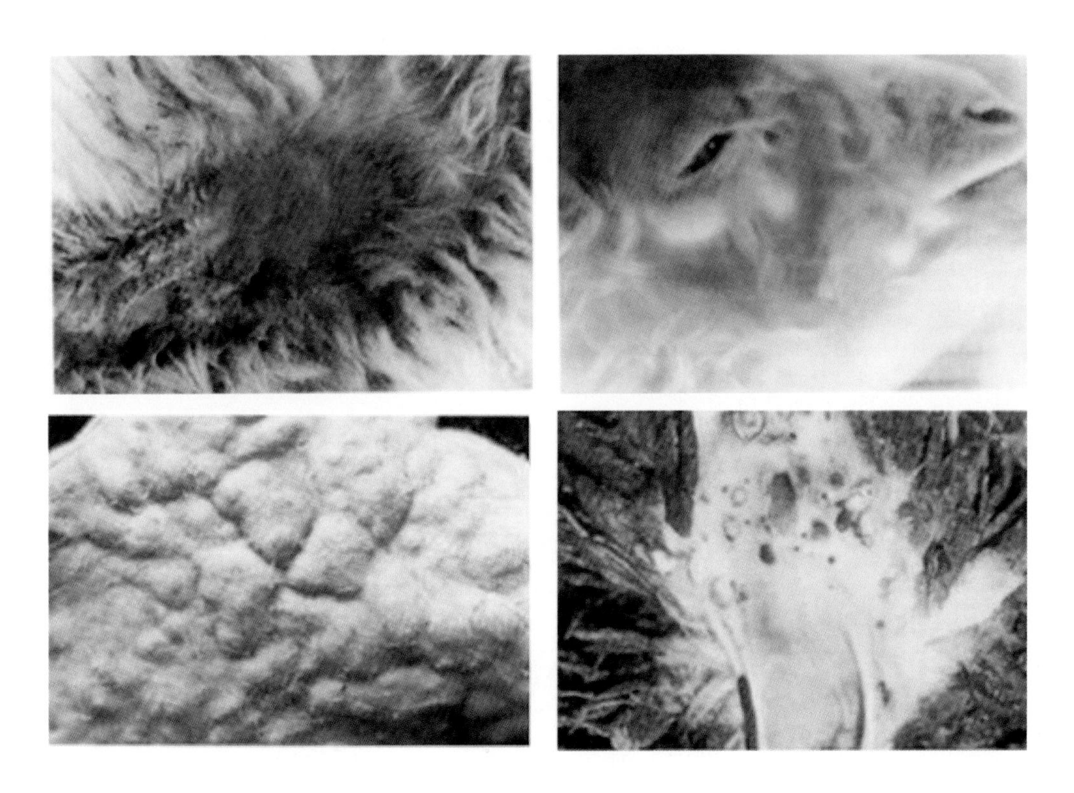

三、炭疽

炭疽是由炭疽杆菌引起的一种人畜共患的急性、热性、败血性传染病。特征为突然发病，可见黏膜发绀，天然孔出血，尸僵不全、血液凝固不良，剖检脾脏肿大、皮下和浆膜下结缔组织出血性胶样浸润。

1. 预防

受威胁地区的易感羊群，每年均应进行预防接种。

2. 处置

发生炭疽时，应立即上报疫情，划定和封锁疫区。严禁剖检病、死羊，应将其焚毁。对病、死羊接触过的羊舍、用具及地面必须彻底消毒，可用 10% 热氢氧化钠液或 20% 漂白粉连续消毒 3 次，间隔 1 小时。

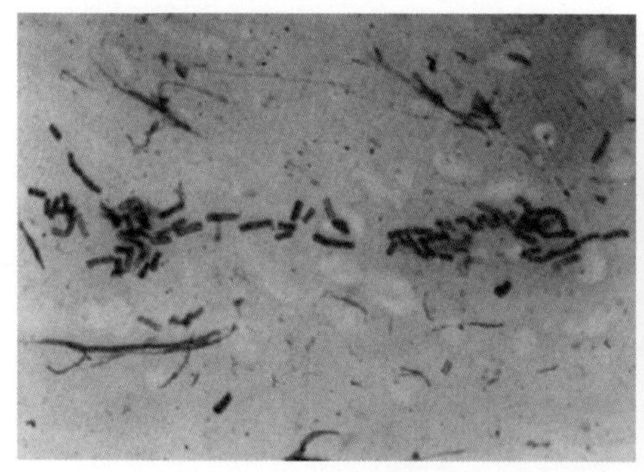

炭疽杆菌的形态，有荚膜（美兰染色）

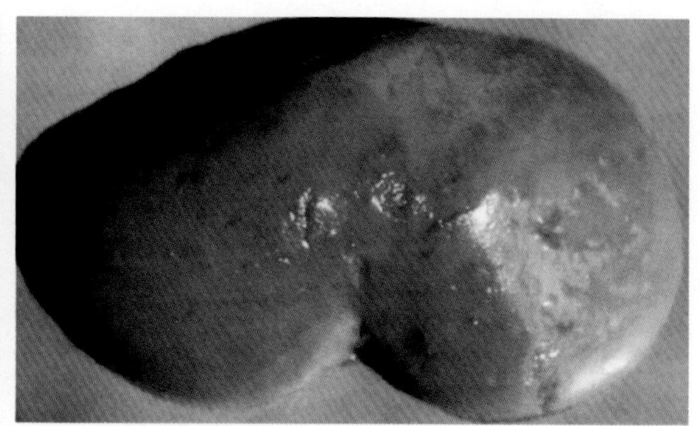

肾肿大、淤血、出血、变性，
表面有灰白色坏死灶

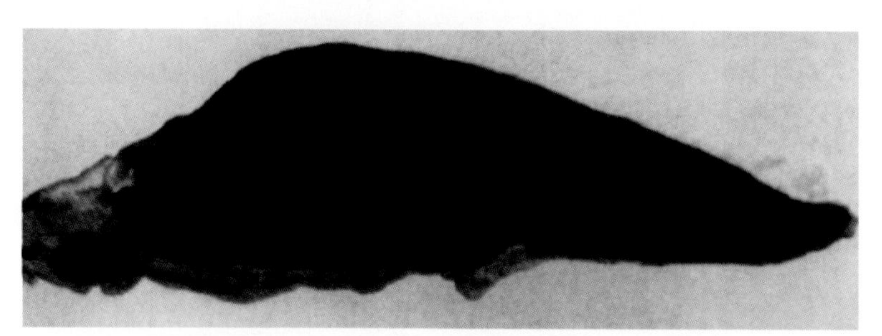

败血脾，肿大，柔软，切面呈黑色，结构不清

四、布氏杆菌病

布氏杆菌病是由布氏杆菌引起的一种人畜共患病。特征是妊娠母羊流产、胎衣不下、生殖器官和胎膜发炎、关节炎，公羊发生睾丸炎。

1. 预防

主要措施是检疫、隔离、控制传染源、切断传播途径、培养健康羊群及主动免疫接种，采用自繁自养的管理模式和人工授精技术。引进种羊时，要严格检疫，将引入羊只隔离饲养 2 个月后再次检疫，全群 2 次检查阴性者，才可与原群接触。健康的羊群，每年至少检疫 1 次。

2. 处置

发现布氏杆菌病，应采取措施，将其消灭。销毁流产胎儿、胎衣、羊水和产道分泌物、尿、粪便。彻底消毒被污染的用具和场所。羊场工作人员应注意个人防护，以防感染。

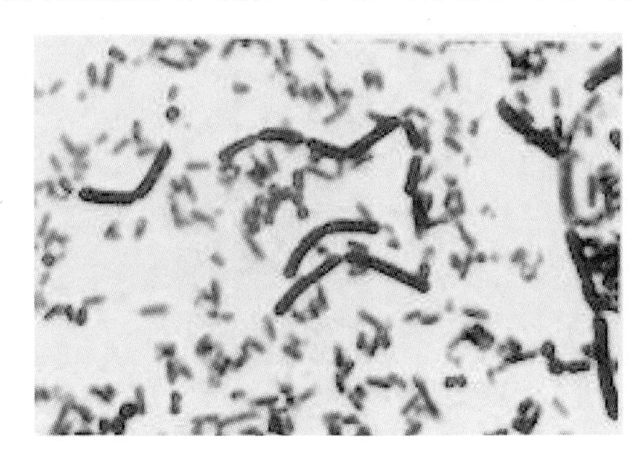

五、羊快疫

羊快疫是由腐败梭菌引起的一种急性传染病。特征为突然发病，真胃出血、炎性损害。

1. 预防

必须加强防疫工作。在常发区，每年定期接种 1 ～ 2 次单苗，羊快疫和羊猝狙二联苗，快疫、猝狙、肠毒血症三联苗，厌气菌七联苗（快疫、猝狙、肠毒血症、黑疫、羔羊痢疾、肉毒中毒和破伤风）。加强饲养管理，转地放牧，防止受寒，避免采食冰冻饲料，早晨出牧不宜太早。隔离病羊，彻底清扫圈舍，用 3% ～ 5% 烧碱溶液或用 20% 石灰乳消毒 2 ～ 3 次。对尚未发病的羊，进行紧急免疫接种。

2. 治疗

病程稍长的病羊，可肌注青霉素 80 万～ 160 万单位，每日 2 次 ；内服磺胺嘧啶，每次 5 ～ 6 克，连服 3 ～ 4 次 ；内服 10% ～ 20% 石灰乳 50 ～ 100 毫升，连服 2 次 ；也可将 10% 的安钠咖 10 毫升与 5% 葡萄糖溶液 500 ～ 5 000 毫升混合静脉注射。

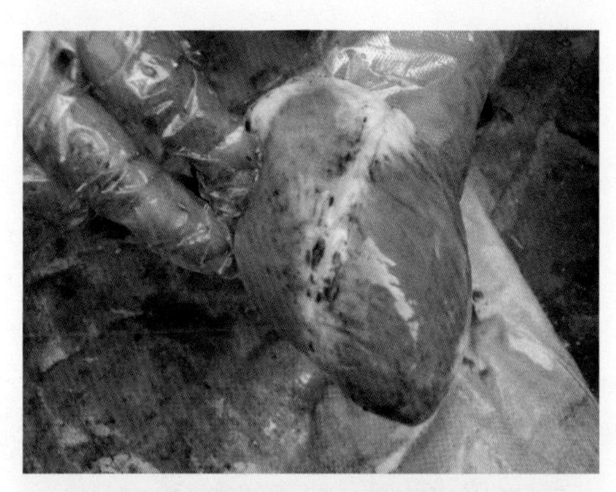

心脏、肾脏和真胃黏膜呈出血性炎性损害

六、羔羊痢疾

羔羊痢疾又称羔羊梭菌性痢疾，是以剧烈腹泻，小肠发生溃疡为特征的一种羔羊毒血症。本病可使羔羊发生大批死亡，给养羊业带来巨大损失。

1. 预防

对怀孕羊产前抓膘增强体质，产后保暖，防止受凉。合理哺乳，避免饥饱不均。羔羊出生后 12 小时内灌服土霉素可以预防。每年秋季及时注射羊厌气菌五联苗，必要时于产前 2 ～ 3 周再接种 1 次。一旦发病应及时隔离病羔，对尚未发病的羊要及时转圈饲养。

2. 治疗

对病羔要做到及早发现，仔细护理，积极治疗。磺胺脒 0.5 克、次硝酸 0.2 克、鞣酸蛋白 0.2 克、小苏打 0.2 克，加水适量，混合后 1 次服用，每日 3 次，同时肌注青霉素 20 万单位，每 4 小时 1 次，至痊愈为止。也可用土霉素 0.2 ～ 0.3 克，或再加胃蛋白酶 0.2 ～ 0.3 克，加水灌服，每天 2 次。如果并发肺炎，可肌肉注射青霉素、链霉素。同时要适当采取对症治疗，如强心、补液，食欲不好者灌服人工胃液 10 毫升。

可用中药加减乌梅汤：乌梅(去核)9 克、黄芩 9 克、郁金 9 克、炒黄连 9 克、炙甘草 9 克、柯子肉 12 克、焦山楂 12 克、猪苓 9 克、神曲、泽泻各 7 克、干柿饼（切碎）1 个。共研碎，加水 400 毫升，煎汤 150 毫升，红糖 50 克为引，灌服。也可用加味白头翁汤：白头翁 9 克、黄连 9 克、生山药 30 克、山芋肉 12 克、秦皮 12 克、柯子肉 9 克、茯苓 9 克、白芍 9 克、白术 15 克、干姜 5 克、甘草 6 克。将上药水煎 2 次，每次煎汤 300 毫升，混合后灌服 10 毫升 / 次，每天 2 次。

小肠黏膜充血

肠内壁充血

七、破伤风

破伤风又称锁口风、强直症，是由破伤风梭菌引起的人畜共患的一种创伤性、中毒性传染病。特征为全身肌肉强直性痉挛，对外界刺激的反射兴奋性增高。

1. 预防

防止外伤，一旦发生外伤，可用 2% ～ 5% 的碘酊严格消毒。保持地面干燥，定期清理羊圈，加强消毒。定期注射预防破伤风类毒素或肌肉注射破伤风抗血清。

2. 治疗

加强护理，将病羊置于安静处，避免强光刺激。彻底清除伤口内的脓汁、坏死组织及污物，用 5% ～ 10% 碘酊、3% 过氧化氢或 1% 高锰酸钾消毒，缝合伤口。病初可肌内或静脉注射破伤风抗毒素。也可静脉注射 25% 硫酸镁 40 ～ 60 毫升，同时肌肉注射青链霉素各 100 万～ 200 万单位，每日 2 次，连用 3 ～ 5 天。

也可用中药防风散（防风 8 克、天麻 5 克、羌活 8 克、天南星 7 克、炒僵蚕 7 克、清半夏 4 克、川芎 4 克、炒蝉蜕 7 克），连用 3 剂，隔天 1 次，能缓解症状。

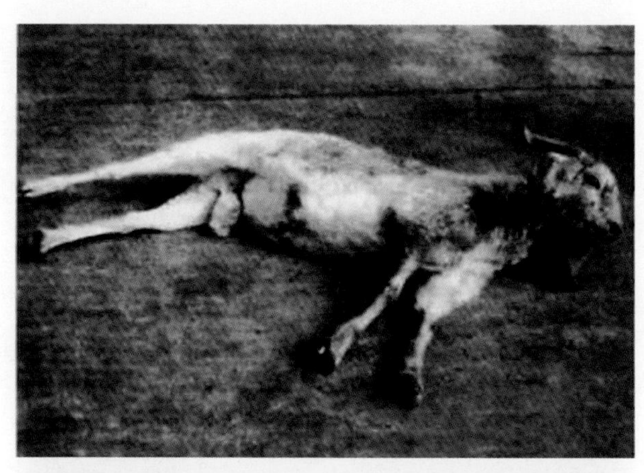

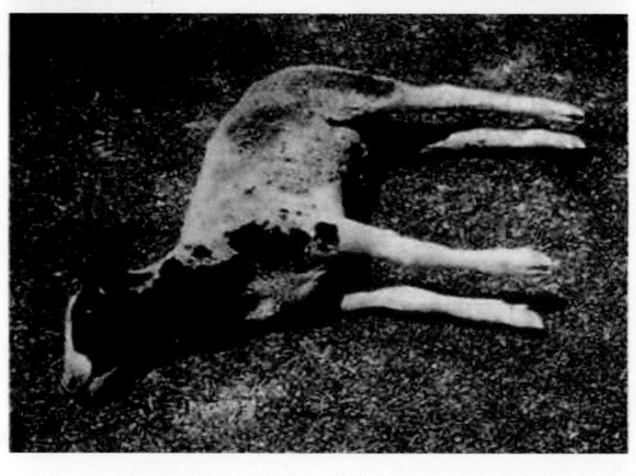

八、传染性脓疱

传染性脓疱也称传染性脓泡性皮炎或口疮，是由传染性脓疱病毒引起的一种人畜共患的急性接触性传染病。特征是口唇等部位的皮肤和黏膜形成丘疹、脓疱、溃疡以及疣状厚痂。

1. 预防

禁止从疫区引进羊或购入饲料和畜产品。引进羊须严格检疫和消毒，隔离观察 2 ～ 3 周，经检疫无病，将蹄部彻底清洗和消毒后方可混入大群饲养。在本病流行区进行免疫接种，所用疫苗株型应与当地流行毒株相同。加强日常饲养管理，饲料中加喂适量的食盐和矿物质，避免羊啃土、啃墙，以保护黏膜和皮肤勿受损伤。发病时做好环境的消毒，特别是羊舍、饲管用具的消毒，可用 2% 氢氧化钠溶液、10% 石灰乳溶液。

2. 治疗

对唇型和外阴型病例，先用 0.1% ～ 0.2% 高锰酸钾溶液冲洗创面，然后涂 2% 龙胆紫、5% 碘甘油或 5% 土霉素软膏，每天 2 ～ 3 次，至痊愈。对蹄型，隔日用 3%龙胆紫溶液、1% 苦味酸溶液或土霉素软膏涂拭患部。为防止合并感染，可同时应用抗菌素和磺胺类药物。

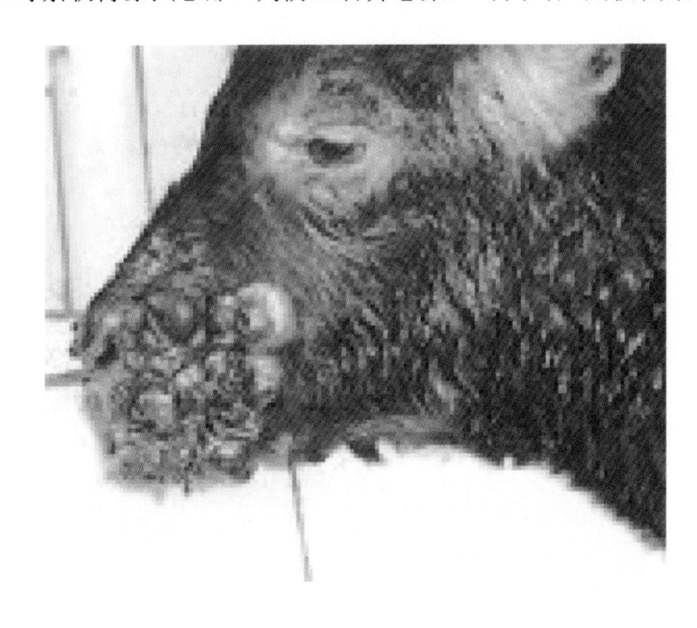

九、蓝舌病

蓝舌病是由蓝舌病毒引起的反刍动物的一种传染病。特征是发热、消瘦，口、鼻和消化道黏膜的溃疡性炎症变化。

1. 预防

严禁从有本病的国家和地区引进羊。严禁用带毒的精液进行人工授精。夏季应选择高地放牧，以减少感染机会。每年进行免疫接种，可选用弱毒苗、活毒苗或亚单位疫苗，以前者较为常用。

2. 处置

非疫区一旦传入本病，应立即采取措施，隔离病羊和与其接触过的所有易 感动物，对发现病羊应捕杀，对场地和用具进行彻底消毒。新发病地区，用疫苗进行紧急接种。

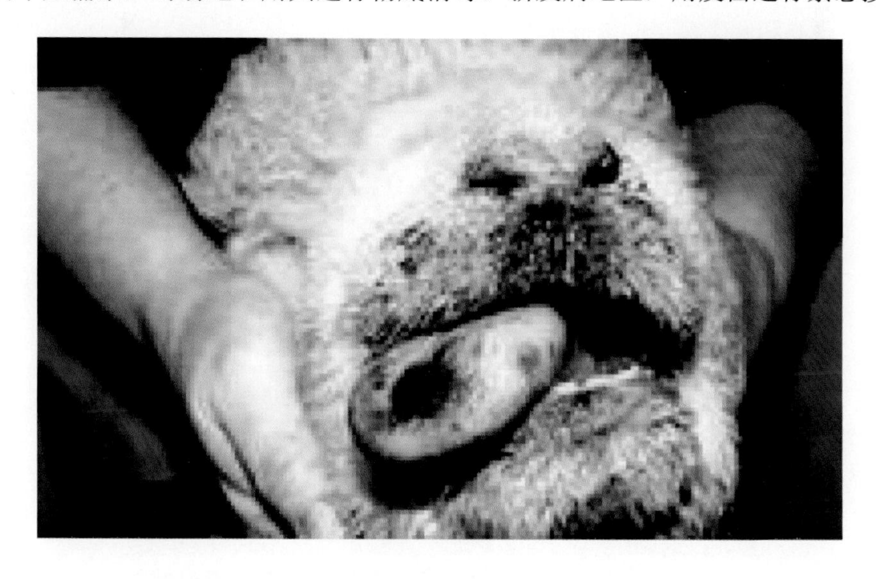

十、腐蹄病

腐蹄病是由坏死杆菌引起的一种传染病。以蹄部发炎、坏死为主要特征。

1. 预防

加强饲养管理，勤换垫草，经常保持羊圈的清洁干燥，避免发生外伤。日粮中应添加适量的矿物质，及时清除圈舍中的积粪尿等，圈门处放置 10% 的硫酸铜消毒草袋。

2. 治疗

先清除坏死组织，用食醋、3% 来苏尔或 1% 的高锰酸钾溶液冲洗，用 6% 福尔马林或 5% ～ 10% 的硫酸酮脚浴，然后用抗生素软膏涂抹，必要时可将患部用绷带包扎。也可用香油 500 克，煮开后冷却，加入黄连粉 7.5 克，搅拌均匀制成黄连香油液，涂抹蹄部，3 ～ 7 天可治愈。当发生转移性病灶时，应进行全身治疗，可注射磺胺嘧啶或土霉素，连用 5 日，并配合应用强心和解毒药，能提高治愈率。

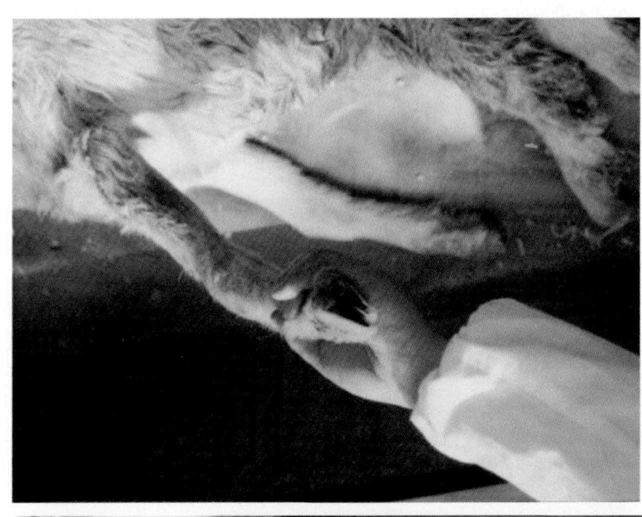

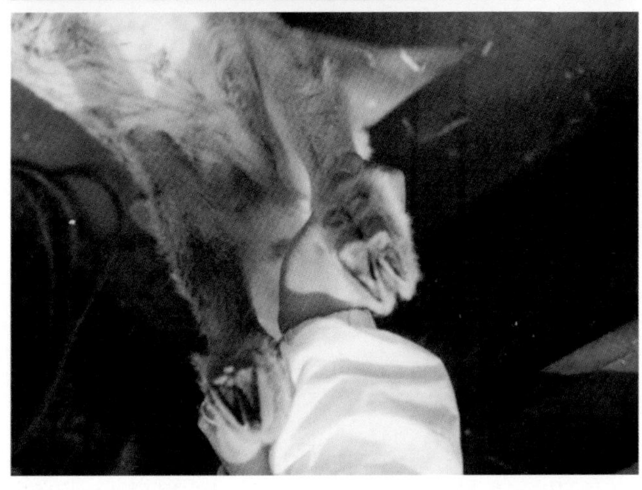

第二节 羊的传染病防治原则及技术

一、防制原则与主要措施

羊场要制定疫病监测方案，当羊场发生重大疫情时，应及时采取措施：①立即封锁现场，驻场兽医及时进行诊断，并尽快向当地动物防疫监督机构报告疫情；②确诊发生炭疽、口蹄疫时，羊场应配合当地动物防疫监督机构，对羊群实施严格的隔离、扑杀措施；③发生疫病时，除了对羊群实施严格的隔离、扑杀措施外，还需追踪调查病羊的亲代和子代；④发生蓝舌病时，应扑杀病羊；⑤发生羊痘、布氏杆菌病等疫病时，应对羊群实施清群和净化措施；⑥全场进行彻底的清洗消毒；⑦病死或淘汰羊的尸体按国家有关规定进行无害化处理。

建立健全相关的档案记录，主要包括羊只来源，饲料消耗情况，发病率、死亡率及发病死亡原因，用药及免疫接种情况，消毒情况，无害化处理情况，实验室检查及其结果，羊只发运目的地等，所有记录应妥善保存 3 年以上。

羊场生产管理和防疫制度

二、防疫规程及免疫程序

定期预防注射是羊群防疫工作的最重要内容，也是在羊的日常管理中的一个重要生产环节，是预防传染病发生的必要防治措施。常用的免疫接种疫苗有：

（一）口蹄疫活疫苗

1. 口蹄疫 O 型活疫苗

用于预防口蹄疫。注射前应充分摇匀，肌肉或皮下注射，4 个月以下的羔羊不注射，4 ～ 12 月龄注射 0.5 毫升，12 月龄以上注射 1 毫升。注射后 14 天产生免疫力，免疫持续期为 4 ～ 6 个月。疫苗在 20 ～ 22℃保存，限 7 天内用完。

2. 口蹄疫 A 型活疫苗

预防 A 型口蹄疫。注射前摇匀，肌肉或皮下注射，2 ～ 6 月龄注射剂量为 0.5 毫升，6 月龄以上注射 1 毫升。注射后 14 天产生免疫力，免疫持续期为 4 ～ 6 个月。疫苗在 -18 ～ -12℃保存，有效期 24 个月 ；2 ～ 6℃保存，有效期 3 个月 ；20 ～ 22℃保存，有效期 5 天。

（二）绵羊痘活疫苗

预防绵羊痘。冻干苗按瓶签上标注的疫苗量，用生理盐水稀释 25 倍，振荡均匀，尾内侧或股内侧皮内注射 0.5 毫升。注射后 6 天产生免疫力，免疫持续期为 1 年。冻干苗在 -15℃以下保存，有效期 2 年；在 2 ～ 8℃保存 18 个月；在 16 ～ 25℃保存 2 个月。

（三）炭疽疫苗

1. 无荚膜炭疽芽孢苗

预防羊炭疽。1 周岁以上皮下注射 1 毫升，1 周岁以下者注射 0.5 毫升。注射后 14 天产生免疫力，免疫期 1 年。在 2 ～ 8℃保存，有效期 2 年。

2. Ⅱ号炭疽芽孢苗

预防羊炭疽。皮下注射 1 毫升或皮内注射 0.2 毫升。注射后 14 天产生免疫力，免疫期 1 年。在 2 ～ 8℃保存，有效期 2 年。

3. 抗炭疽血清

预防和治疗绵羊炭疽。预防时皮下注射，用量 16 ～ 20 毫升；治疗时作静脉注射，并可增量或重复注射，用量为 50 ～ 120 毫升。在 2 ～ 8℃保存，有效期 3 年。

（四）羊大肠杆菌灭活疫苗

预防羊大肠杆菌，怀孕母羊禁用。3 月龄以上羊皮下注射 2 毫升 ；3 月龄以下羊如需注射，每只用量 0.5 ～ 1 毫升。免疫持续期为 5 个月。在 2 ～ 8℃保存，有效期 18 个月。

（五）布氏杆菌病疫苗

1. 布氏杆菌病活疫苗（I）

预防羊布氏杆菌病。采用口服、滴鼻、气雾或皮下注射法接种。皮下注射每只羊 10 亿菌，滴鼻 10 亿菌，室外气雾免疫 50 亿菌，口服 250 亿菌。免疫持续期为 3 年。冻干苗在 0 ～ 8℃保存，有效期 1 年。

2. 布氏杆菌病活疫苗（II）

预防羊布氏杆菌病。适于口服免疫，绵羊不论大小，每只一律口服100亿菌，也可皮下或肌肉注射免疫，用量为50亿菌。免疫持续期为3年。在0～8℃保存，有效期1年。

（六）羊梭菌病疫苗

1. 羊黑疫、快疫灭活疫苗

预防羊黑疫和快疫。不论年龄大小，一律皮下或肌肉注射5毫升。免疫期为1年。在0～8℃保存，有效期2年。

2. 羊快疫、猝狙、肠毒血症三联灭活苗

预防羊快疫、猝狙、肠毒血症。皮下或肌肉注射5毫升。免疫持续期为6个月。在2～8℃保存，有效期1年。

3. 羊梭菌病四联氢氧化铝浓缩苗

预防羊快疫、猝狙、肠毒血症和羔羊痢疾。皮下或肌肉注射1毫升。

4. 羊厌气菌氢氧化铝甲醛五联灭活苗

预防羊快疫、猝狙、肠毒血症、羔羊痢疾和黑疫。不论年龄大小，皮下或肌肉注射5毫升。注射后14天产生免疫力，免疫期为6个月。

5. 羔羊痢疾灭疫苗

预防羔羊痢疾。怀孕母羊分娩前20～30天第一次皮下注射2毫升；第二次于分娩前10～20天皮下注射3毫升。第二次注射后10天产生免疫力。免疫期：母羊5个月，经乳汁可使羔羊获得母源抗体。

（七）抗羔羊痢疾血清

预防及早期治疗产气荚膜梭菌引起的羔羊痢疾。在本病流行地区，给1～5日龄羔羊皮下或肌肉注射血清1毫升，治疗时可增加到3～5毫升，必要时4～5小时后再重复注射一次。在2～8℃保存，有效期5年。

（八）破伤风疫苗

1. 破伤风类毒素

用于紧急预防或防治破伤风。皮下注射0.5毫升，每年注射一次。羊受伤时，再用相同剂量注射一次，若羊受伤严重，应同时在另一侧颈部皮下注射破伤风抗毒素，以防止破伤风的发生。注射后1个月产生免疫力，免疫持续期为1年。在2～8℃保存，有效期3年。

2. 破伤风抗毒素

用于预防和治疗羊破伤风。皮下、肌肉或静脉注射均可。免疫期2～3周。预防用量

1 200 ～ 3 000 抗毒单位；治疗量为 5 000 ～ 20 000 抗毒单位。在 2 ～ 8℃冷暗处保存，有效期 2 年。

（九）羊传染性脓疱皮炎活疫苗

预防羊传染性脓疱皮炎，有 GO-BT 冻干苗和 HCE 冻干苗 2 种。适于各种年龄的羊只，免疫剂量均为 0.2 毫升，可进行股内侧划痕免疫。前者免疫期为 5 个月，后者为 3 个月。在 0 ～ 4℃保存期为 5 个月，-10 ～ -20℃保存期 10 个月，10 ～ 25℃保存期 2 个月。

药品和疫苗存放室

第六章 粪污无害化

第一节 粪污无害化措施

1. 肉羊场应有固定的羊粪贮存、堆放设施和场所，贮存场所要有防雨、防止粪液渗漏、溢流措施。

羊粪及时清理

羊粪贮存要防雨、防粪液渗漏

牧区羊粪用帆布盖上

2. 农区粪污采用发酵或其他方式处理，作为有机肥利用或销往有机肥厂。牧区采用农牧结合良性循环措施。

粪污处理塔

有机肥

化粪池

农牧结合良性循环

3. 建设高床羊圈漏缝地板，羊圈具有干燥、通风、粪便易于清除等优点，可以大大减少羊疾病的发生。同时，要调教羊定点排泄粪便，保持羊床清洁干燥。

高床羊圈漏缝地板

高床粪便易于清除

4. 新建肉羊场必须进行环境评估，确保肉羊场建成后不污染周围环境，周围环境也不污染肉羊场环境。

肉羊场与周围环境分开

5. 新建肉羊场必须与相应的粪便和污水处理设施同步建设。

6. 羊粪、尿、尸体及相关组织、垫料、过期兽药、残余疫苗、一次性使用的畜牧兽医器械及包装物和污水处理实行减量化、无害化和资源化的原则。

7. 羊粪经堆积发酵或沼气池处理后应符合 GB-7959《粪便无害化卫生标准》的规定 ；污水经生物处理后应符合 GB-18596《畜禽养殖业污染物排放标准》的规定。

8. 对空气、水质、土壤等环境参数定期进行监测，并及时采取改善措施。应对空旷地带进行绿化，绿化覆盖率不低于 30%。

羊场绿化覆盖率不低于 30%

第二节 病死羊处理原则

1. 病羊要有专门的隔离羊舍，防止疾病蔓延。

隔离羊舍

2. 配备焚尸炉或化尸池等病死羊无害化处理设施。

病死羊采用深埋或焚烧等方式处理，要做好完整的记录。可以采取下面两种方法深埋。

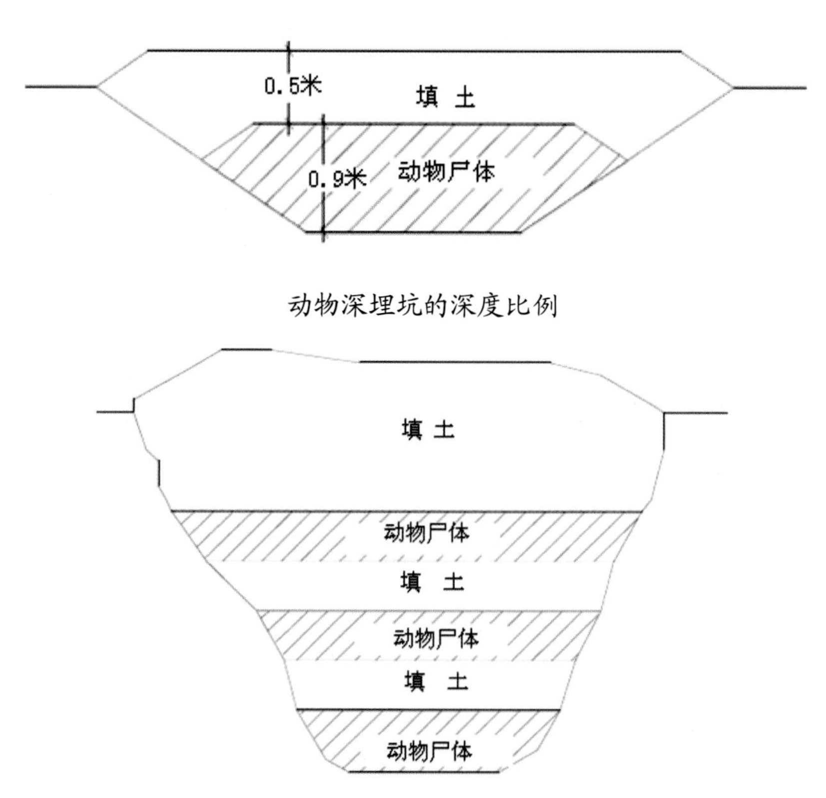

动物深埋坑的深度比例

挖掘 1.22 ~ 1.83 米深，至少 0.92 米宽，长度不限的沟渠的模式图

第七章 主推技术模式

一、品种的选择、引进技术

1. 要选择好的肉羊品种（地方和引进品种）

肉羊杂交生产父本品种可以选择：无角多赛特、萨福克、夏洛来、德国美利奴、特克塞尔、杜泊羊、波尔山羊等。

杜泊羊公羊

布尔山羊公羊

萨福克公羊

特克赛尔公羊

肉羊杂交生产母本品种：我国养羊业历史悠久，绵山羊品种资源丰富。其中不乏肉用性能较好、整殖性能良好的优良品种。例如，小尾寒羊、乌珠穆沁羊、南江黄羊等。

小尾寒羊母羊

南江黄羊母羊

湖羊群体

2. 品种的引进技术

引羊出发前的准备。

在引羊出发前，根据当地农业生产、饲草饲料、地理位置等因素加以分析，有针对性地考察几个品种羊的特性及对当地的适应性，进而确定引进山羊还是绵羊，引进什么品种。

选择引羊时间。

引羊最适合季节为春秋两季，这是因为两季气温不高不低，天气不冷不热。最忌在夏季引种，6～9月份天气炎热、多雨，大都不利于远距离运输。如果引羊距离较近，不超过一天的时间，可不考虑引羊的季节。

选购羊只。

羊只的挑选是养羊能够顺利发展的关键一环，首先要了解该羊场是否有畜牧部门签发的《种畜禽生产许可证》《种羊合格证》及《系谱耳号登记》，三者是否齐全。挑选时，要看它的外貌特征是否符合本品种特征，公羊要选择1～2岁，手摸睾丸富有弹性；手摸有痛感的多患有睾丸炎，膘情中上等但不要过肥过瘦。母羊多选择周岁左右，这些羊多半正处在配种期，母羊要强壮，乳头大而均匀，视群体大小确定公羊数，一般比例要求1:（15～20），群体越小，可适当增加公羊数，以防近交。

二、 肉羊的杂交利用技术

利用杂交优势生产羊肉，应根据不同品种特性并结合当地生态条件来确定合适的杂交组合。一般以当地母羊为杂交生产的母本，以引进的国外优良肉用品种作为杂交生产父本，建立肉羊杂交生产体系。

1. 经济杂交

经济杂交的目的是通过品种间的杂种优势利用生产商品肉羊，最常采用的方式有两个品种简单杂交和两个以上品种的轮回杂交。其中简单杂交后代全部用于育肥生产，而轮回杂交后代的母羔，除部分优秀个体用于下轮杂交繁殖外，其余的母羔和全部公羔也直接用于育肥生产。

2. 三元杂交

肉羊生产杂交化已成为获取量多、质优和高效生产羊肉的主要手段。多数国家的绵羊肉生产以三元杂交为主，终端品种多用杜泊羊、无角或有角多（陶）塞特羊、汉普夏羊等。肉用羊三元杂交改良及扩繁技术研究主要采用超数排卵、胚胎移植、同期发情技术，做好种羊繁育，确保种群稳定，同时向社会供应优质种羊。

3. 二元杂交

肉山羊生产以二元杂交为主，终端品种多用波尔山羊等。

杂交品种表现为生活力强，生长速度快，成熟早，适应性强，繁殖力高，饲料报酬高，产肉多，品质好，可节省饲养成本，增加收益。由于经济杂交所产生的杂交后代在生活力、抗病力、繁殖力、育肥性能、胴体品质等方面均比亲本具有不同程度的提高，因而成为当

杜泊羊群体

今肉羊生产中所普遍采用的一项实用技术。在西欧、大洋洲、美洲等肉羊生产发达国家，用经济杂交生产肥羔肉的比率已高达 75% 以上。利用杂种优势的表现规律和品种间的互补效应，一方面可以用来改进繁殖力，成活率和总生产力，进行更经济、更有效的生产；另一方面可通过选择来提高断奶后的生长速度和产肉性状。

小尾寒羊群体

三、粗饲料加工新技术的应用

大力发展舍饲半舍饲肉羊养殖，保证供给优质的粗饲料是关键，农作物秸秆是一项大量的永续性的宝贵资源。秸秆的利用为畜牧业提供大量的廉价原料，促使其向规模化、商品化、产业化方向发展。农作物秸秆能够降低畜牧业的养殖成本，增加经济效益。我国粗饲料利用仅占总产量的 15% ～ 20%，只有开发廉价的粗饲料，减少粮食和油料作物在饲料中的比例，才能降低饲料的成本。

四、无公害羊肉技术工艺

制定并实施科学规范的饲养管理规程，配制和使用安全高效饲料，严格遵守饲料、饲料添加剂和兽药使用有关规定，实现生产规范化；完善防疫设施，健全防疫制度，有效防止重大动物疫病发生，实现防疫制度化；羊粪污处理方法得当，设施齐全且运转正常，达到相关排放标准，实现粪污处理无害化或资源化利用

五、肉羊全混日粮（TMR）饲喂模式

TMR（Total Mixed Ration）为全混合日粮的英文缩写，TMR 是根据肉羊在不同生长

发育阶段的营养需要，按营养专家设计的日粮配方，用特制的搅拌机对日粮各组成分进行搅拌、切割、混合和饲喂的一种先进的饲养工艺。全混合日粮（TMR）保证了肉羊所采食每一口饲料都具有均衡性的营养。TMR 饲养工艺的优点（1）精粗饲料均匀混合，避免肉羊挑食，维持瘤胃 PH 值稳定，防止瘤胃酸中毒。肉羊单独采食精料后，瘤胃内产生大量的酸 ；而采依有效纤维能刺激唾液的分泌，降低瘤胃酸度，有利于瘤胃健康。（2）TMR 日粮为瘤胃微生物同时提供蛋白、能量、纤维等均衡的营养物质，加速瘤胃微生物的繁殖，提高菌体蛋白的合成效率。（3）增加肉羊干物质采食量，提高饲料转化效率。（4）充分利用农副产品和一些适口性差的饲料原料，减少饲料浪费，降低饲料成本。（5）简化饲喂程序，减少饲养的随意性，使管理的精准程度大大提高。（6）实行分群管理，便于机械饲喂，提高劳产率，降低劳动力成本。

六、高床舍饲模式

高床舍饲克服了地面踩粪饲养的许多弊端，解决了防热防潮难题，同时又节约饲料，改善空气质量，减轻工作人员的劳动强度，这种方式还减少了肉羊对植被的破坏，有助于改善生态循环系统，从而大大提高肉羊养殖的综合效益。

七、农牧结合粪尿污水无害化处理模式

大型养殖企业，选用厌氧发酵罐、储气罐、发电机组及附属设施，建设粪尿污水处理及沼气工程。羊粪污水经厌氧发酵生产沼气后，余渣生产优质有机肥，沼气用作发电或加热锅炉使用。粪尿污水经厌氧发酵后既进行了无害化处理，消除了污染，又为农业提供了优质有机肥，改良了土壤。

八、重大传染病的诊断和预防新技术

目前，羊病种类逐渐增多，危害大，人畜共患传染病时有发生，威胁饲养者的健康 ；饲养模式陈旧和养殖技术不规范倒致病症复杂化。因此要推广应用早期诊断技术和相关试剂盒，来诊断重大传染病 ；推广应用新型疫苗，尤其是基因工程疫苗。

主要参考文献

[1] 赵有璋主编. 羊生产学. 北京 : 中国农业出版社，2002

[2] 贾志海主编. 现代养羊生产学. 北京 : 中国农业大学出版社，1999

[3] 王建民主编. 动物生产学. 北京 : 中国农业出版社，2002

[4] 王玉琴主编. 无角多塞特羊养殖与杂交利用. 北京 : 金盾出版社，2004

[5] 张灵君等主编. 科学养羊技术指南. 北京 : 中国农业大学出版社，2003

[6] 张玉等主编. 肉羊高效配套生产技术. 北京 : 中国农业大学出版社，2005

[7] 郑中朝等主编. 新编科学养羊手册. 郑州 : 中原农民出版社，2002

[8] 潘爱銮. 生物技术与绵山羊育种，四川草原，1999 年 03 期